黄金配方烘焙术

蛋糕、面包和点心

陈佳琪 编著

辽宁科学技术出版社
沈阳

图书在版编目（CIP）数据

黄金配方烘焙术．蛋糕、面包和点心／陈佳琪编著．—沈阳：辽宁科学技术出版社，2020.7
ISBN 978-7-5591-1310-8

Ⅰ．①黄…　Ⅱ．①陈…　Ⅲ．①烘焙–糕点加工　Ⅳ．①TS213.2

中国版本图书馆CIP数据核字(2019)第199210号

出版发行：辽宁科学技术出版社
（地址：沈阳市和平区十一纬路25号　邮编：110003）
印　刷　者：辽宁新华印务有限公司
经　销　者：各地新华书店
幅面尺寸：170 mm × 240 mm
印　　张：12.75
字　　数：255千字
出版时间：2020年7月第1版
印刷时间：2020年7月第1次印刷
责任编辑：卢山秀
整体设计：袁　舒
责任校对：尹　昭　王春茹

书　　号：ISBN 978-7-5591-1310-8
定　　价：49.80元

Contents
目　录

Contents
目　录

Tools & Ingre

第一章

动手烘焙前
一定要知道的事

ient

有了这些器具，你会变得更厉害！

料理盆

不锈钢材质的为佳，用来盛装一些基本原料，如奶油、蛋、面粉等。便于搅拌，有大小尺寸，依用途选择合适大小，一般家庭用直径 26~28cm 即可。

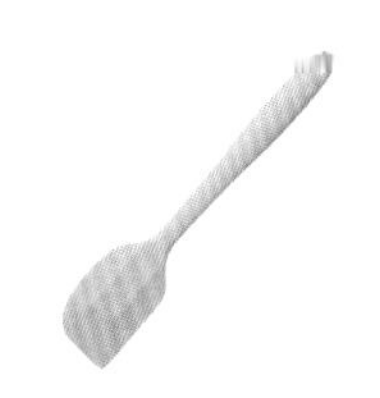

长柄刮刀（橡皮刮刀）

用于面团的拌合及整形或是刮净容器内壁的材料。

手持电动打蛋器

可以代替手动打蛋器，操作更省力。一般会有打蛋笼、搅拌钩两组配件，打蛋笼可以打发全蛋、蛋白、奶油等，搅拌钩可以用于混合材料等，功率大、噪声小为佳，上图为海氏 HM340 静音打蛋器。

量匙

分有 4 种量度（一大匙 T、一茶匙 t、1/2 匙、1/4 匙），方便用来盛量少量的材料。

筛网

用来过滤液体中的杂质，或过筛面粉、糖粉、可可粉等一些较易结颗粒的粉类。

擀面棍

用于面团的擀平延压，将面团的气泡压除。

置凉架

成品刚出炉后用来放置的网架，避免成品热气排出时，造成底部因水汽变得湿润，影响口感。

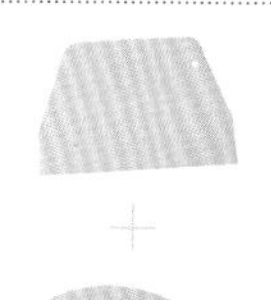

软硬刮板

可用于刮净盆内附着的面团粉末材料或是对面团进行搅拌整形。

打蛋器

常用来打发奶油或是搅拌蛋液等材料。

烤箱

是制作面包最基本的设备，购买烤箱建议选容积在 25L 以上，且控温精准为佳，上图为海氏 C40 电子烤箱。

活动蛋糕圆形模

适用于烘烤蛋糕的容器，方便脱模及清洗。

挞模

用于制作蛋挞、水果挞类点心。

电子秤

准确将材料称量好非常重要，称量的时候要将装材料的容器重量扣除，所以有去皮功能、精确度高的秤为佳，上图为海氏 HE62 电子秤，精准到 0.1g。

刷子

用来将蛋液涂抹于面团表面。

饼干造型模

利用造型模可做出各种特别形状的饼干体。

挤花嘴、挤花袋

挤花嘴（左图）有不同口径大小，用于面糊整形，例如泡芙、小圆饼，也可在点心上挤出漂亮花纹装饰。挤花袋（右图）分“可重复使用”和“抛弃式”两种。

温度计

用来测量水、面团、糖浆等的温度，以便做好温度控制。

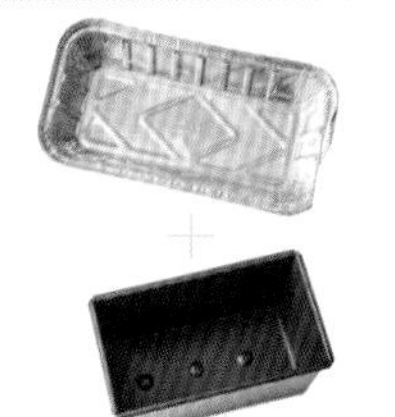

长条烤模

“长条铝模”（上图）方便烘烤蛋糕及面包的成形。“吐司烤模”（下图）用于吐司面包的制作，可重复使用。

厨师机

厨师机最主要的是揉面、搅拌、打发三大功能，尤其是揉面会真正解放双手。有的厨师机还有拓展配件，可以实现绞肉、压面、研磨等功能。上图为海氏 HM780 多功能电子厨师机。

计时器

烘焙过程中，精确的时间是非常重要的，计时器可以提醒自己注意产品的出炉时间。

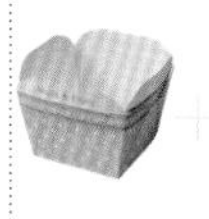

耐烤纸杯模

用于盛装蛋糕、点心等。

布丁模

烤布丁用，也可用于制作米糕。

了解重要原料，才能调配出好配方！

面粉类

由小麦磨制而成的面粉，在烘焙的制品中，用量最多，也是最基本的原料。依蛋白质含量区分为 3 种。

·低筋面粉（蛋白质含量 6%~8.5%）：广泛用于制作饼干、蛋糕类。

·中筋面粉（蛋白质含量 9%~11%）：广泛用于制作中式面食类。

·高筋面粉（蛋白质含量 11.5% 以上）：广泛用于制作面包类。

·一般市售的饺子面粉（蛋白质含量 10%~12%）：属于中筋面粉。

·全麦面粉：由小麦和大麦不去壳直接磨碎而成的，本身含丰富的膳食纤维。全麦面粉不能单独使用，必须与一般面粉拌匀使用。

米粉类

·粘米粉：用米磨成的粉末，用于制作萝卜糕点、碗粿等。

·糯米粉：用糯米磨成的粉末，黏度高，适合用于制作汤圆、麻薯、年糕等。

其他粉类

·可可粉：可可豆脱脂研磨成的粉末，较容易受潮结块，所以使用前要先过筛。

·玉米粉：玉米淀粉制品，具有凝胶作用，西点制作中较常用于蛋糕、乳酪蛋糕，增加松软口感。

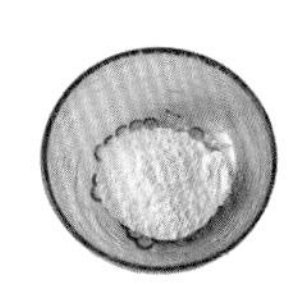

·地瓜粉（番薯粉）：用地瓜制成的粉，颗粒大，较为粗糙。

膨胀剂类

化学膨胀剂主要分为两种。

·泡打粉：又叫发粉、发泡粉，由小苏打加上其他酸性材料制成，遇水即产生气体，能促使组织膨胀、松软。有些泡打粉会多添硫酸钠铝成分，购买无铝泡打粉较为安全健康。

·苏打粉：又称小苏打、碳酸氢钠，碱性物质，一般多用于可可巧克力等含酸性材料制作，可使巧克力增色，但是不宜过量，否则会产生皂味，成品组织不良且粗糙。

酵母

酵母是在有氧和无氧条件下都能够存活的一种天然发酵剂。

·干酵母：可以分即溶酵母和速发酵母两类。即溶酵母，即在水中溶化后，再与面粉混合使用。速发酵母，则可直接加于面团中搅拌使用。

·湿酵母：也叫新鲜酵母，不宜久放保存，但是耐冻，使用量约是干酵母的两倍。

牛奶、乳制品类

·鲜奶：方便取得，可以提高点心的风味及润泽度。

·奶粉：一般都是使用全脂奶粉，用于制作面包、蛋糕、饼干等，但婴儿奶粉不能用于烘焙点心。

优格、优酪乳

·优格、优酪乳：由牛奶制成，含有益菌，用于西点、面包，可增添风味。

果冻粉

·果冻粉：白色粉末状，植物性凝结剂，溶于 80℃以上的热水才会有作用。

奶油奶酪

· **新鲜奶酪：** 未经熟成的新鲜奶酪，含水量较多，属于软质奶酪。

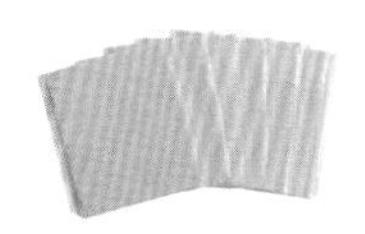

· **奶酪片（碎）：** 烘烤后会产生拉丝状，常用于焗烤料理。

· **帕玛森奶酪粉：** 由意大利帕玛森奶酪制作而成，香气浓郁，水分含量低。

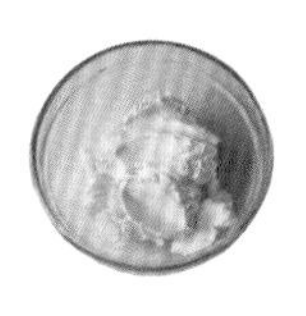

· **马斯卡邦奶酪：** 由重奶油以柠檬酸作为凝乳剂制成的奶酪，口感清淡，水分较少，常用于制作提拉米苏。

油脂类

· **固体状**

· **黄油：** 由生乳中提炼出来，属动物性油脂。可使产品产生特殊香味，油脂也可增加产品的营养，分成有盐黄油、无盐黄油，本书皆使用无盐黄油。

· **猪油：** 由猪的油脂提炼而成。一般都用于中式点心。刚炸好的猪油色泽呈黄色半透明状，低于室温就会凝固成白色固体油脂。

· **液体状**

· **沙拉油：** 一般都为植物性油脂，用于蛋糕制品居多。沙拉油提炼的方式有两种，一种是压榨法，另一种则是浸提法。

· **动物性鲜奶油：** 以乳脂或牛奶提炼而成，不带甜味，奶香浓郁，口感较厚重，但不容易维持打发后的形状，开封后冷藏约一周，不易久放，而且不能冷冻，否则会导致油水分离，但很适合使用在加热产品中。

· **植物性鲜奶油：** 植物油氢化之后再添加香料制成的鲜奶油，含有反式脂肪酸，其打发状态稳定，保存期限长，冷藏、冷冻都可。

糖类

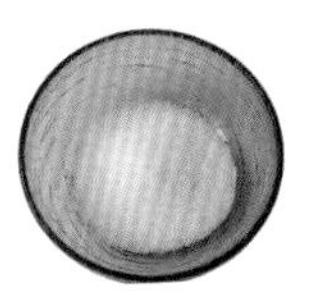

· **砂糖：** 经过精炼而成，依其颗粒粗细而定，一般我们最常用的糖，即为砂糖。

· **糖粉：** 由砂糖磨研成的细细粉状，化口性好，以适应部分水分较少的产品。可分为纯糖粉和一般糖粉两大类。

· **黑糖：** 未经过精炼，矿物质含量多，颜色较深，呈咖啡色。

· **水麦芽糖：** 麦芽含量 85%~86%，呈透明状，可以使产品保持适当的水分及柔软度，并能增加产品色泽。

蛋类

· **蛋类：** 蛋的平均净重（不含蛋壳）50g，主要用于制作蛋糕，具有发泡性，是制作点心的重要材料之一。

香草精（荚）

· **香草精（荚）：** 有浓缩香草精、香草粉、香草荚（香草棒）等，具有特殊香气，可增加食材的风味。

巧克力

· **巧克力：** 有砖形、纽扣形、豆形，主要是由可可脂加砂糖、天然香料、卵磷脂配料组成。

吉利丁片

· **吉利丁片：** 属于动物胶，又称明胶或鱼胶，多为动物骨头所提炼出来的胶质。使用前要先泡水软化，并溶于 80℃以上的热水才会有作用，常用于慕斯类产品。

这样做，东西才会更好吃！

Q：怎样做才能让饼干烤得酥脆？

A：要让饼干烤得酥脆，秘诀即是在手工饼干面团的成分里要“多油”“多糖”。油多饼干才会酥，糖多饼干才会脆。

一般饼干配方中可以使口感较脆的除了糖之外，还有蛋白。蛋白是属韧性材料，可以保持饼干成品的酥脆、坚固特性；相反的，若是想要口感酥松，则是加入蛋黄，蛋黄中含有卵磷脂，可以让饼干吃起来柔软蓬松。

Q：烘焙饼干的时间和温度应如何掌控？

A：大致上烘焙饼干的温度为170~180℃，烘焙时间10~15分钟，不过还是要视饼干厚薄程度而定。

饼干自进炉后，5分钟左右就应察看底部的颜色变化。如果底部已经呈现淡褐色，则降低底火（或用双层烤盘将饼干继续烤熟）。若进炉后5分钟饼干底部和表面都未呈现淡褐色，则继续烘烤至饼干表面颜色呈现金黄色后，就要马上出炉。

如果出炉的饼干边缘有一圈略为焦黑的颜色，表示底火的温度过高或过热，可将底火降低10℃，或是出炉后的饼干表面颜色深浅不均，则是上火温度过高，将上火温度调降10℃即可。

Q：为什么水浴法可以让乳酪蛋糕吃起来有湿润绵密的口感？

A：让蛋糕吃起来有湿润绵密的口感，最好的方法就是使用水浴法。

水浴法就是在烤盘里加入热水与产品一起烘烤的方法，也有人称为水蒸法。烘烤的温度介于130~160℃之间，这样烤出来的乳酪蛋糕会更湿润而且口感绵密细致，也不会因为温度一下升太高而造成表面膨胀裂开。

提醒大家，在烤盘里加入的热水量最好超过烤盘的1/2（一半），这样也可以避免中途打开烤箱加水使冷空气进入，让蛋糕塌陷。

Q：怎样才能打出不失败的蛋白霜，让蛋糕吃起来柔软绵密有弹性？

A：蛋糕吃起来是柔软绵密还是

坚硬没有弹性，关键在于打发蛋白的蛋白霜。

蛋白霜能不能打发成功，必须要注意下列这四件事。

❶鸡蛋的新鲜度：鸡蛋的新鲜与否会影响蛋白打发的程度，因为不新鲜的鸡蛋，蛋白的胶黏性较差，在搅打的过程中无法保存打入的空气，导致蛋白不容易被打发。

❷容器的干净度：放蛋白的容器应保持干净，不能有油渍、水渍等，因为微量的油脂会破坏蛋白中的蛋白质特性，使蛋白失去应有的黏性和凝固性。

❸蛋白的温度：蛋白在 17~22℃的温度情况下是胶黏性最佳的状态。若是温度过高，蛋白变得很稀薄，无法保留打入的空气，故建议使用冷藏蛋里的蛋白，打发的稳定性会更好。

❹分蛋的熟练度：敲蛋的过程中应该特别小心，不要将蛋黄弄破，避免破坏蛋白的胶黏性，而影响打发的程度。

Q：什么是出筋？对于烘焙产品有什么影响？

A：面团经过搅打过程，最后形成柔软且具有延展性的面筋组织。面筋是一种黏性的胶体，具有良好的弹性和伸展性，薄薄地延展开，像是一层薄膜，可以透视的状态，即为出筋（简单的说为面筋扩展）。

手揉至出筋时间因人而异，平均来说 20~40 分钟，机器揉打 10~15 分钟就可以出筋。

Q：如何判断面团是否发酵完成？

A：当面团利用酵母生成二氧化碳，进行发酵时，面团内之面筋到达最大之气体能力和最大的延展性及弹性，面团膨胀至原来的数倍体积，形成像海绵一样轻、松的组织，即为发酵原理。

欲进一步确认面团是否已经发酵完成有两种方法。

❶器具测量法：准备尺、有刻度的量杯或可测量大小的器具皆可。将机器打（手揉）好的出筋面团取出一小团，放入量杯中与剩余的出筋面团同步发酵，量杯里的小面团涨至两倍大即发酵完成，例如：放入的刻度为 2，涨至 4，即表示发酵完全。

❷手指测量法：若没有器具可测量时，也可以用手指沾面粉插入面团中，抽出后面团孔洞保持原状不回缩，即发酵完成，反之则继续发酵。

Q：冬天没有发酵箱时，该如何发酵？

A：在面团发酵时，发酵的理想温度为 28~30℃。在没有发酵箱的时候，有几种简便的方式可以使用。

❶保丽龙法：找一个合适面团大小的保丽龙盒（含盖），在内部角落放置一杯温度80℃以上的热水，再将面团放入保丽龙盒中，以营造出利于面团发酵的温度空间。

❷电锅法：先将一杯水放入电锅内，盖锅盖并按下开关，约2分钟后手动关掉，掀盖再用手掌测试锅内温度，若觉得内部温暖不烫手，即可把面团放入发酵。

面团发酵中应时常注意锅内温度变化，若不慎温度过高，酵母会因高温而失去活性，面团将无法发酵成功。

❸烤箱法：将烤箱温度设定在60℃左右，并预热5分钟后，将温度归零，此时在烤箱角落放一杯水，约2分钟后，即可放入面团发酵。

Q：何谓挞？何谓派？两者的制作方式有何区别？

A：挞跟派是经常被搞混的两种甜点，且里面的馅料又可甜可咸，只要注意下列模型外观与外皮面团的区别，即可分辨出挞与派。

❶以模型外观区别：挞以活动式模型、深度较浅的挞模烘烤，以利脱模方便；派则常常连同派盘一起烘烤，有时上面可再铺上一层派皮烘烤。

❷以外皮面团区别：派皮的原料很简单，通常由面粉、油脂、盐、水分组成，原料混合后再以重复擀折的方式制作，口感上有酥松的层次感；挞皮的原料则比派皮多了糖、鸡蛋，以糖油打发再均匀混合的方式制作，口感上则有像饼干的酥脆感。

Q：油炸产品出炉的时候，为什么常放没多久就会感觉很油腻，要如何避免产生油腻的状况？

A：油炸时，如果油温太低，则需要较长的油炸时间，而导致面团吸油太多，这样就会造成产品本身过于油腻，油炸油温应该在180~190℃之间，温度不要超过200℃，因为温度过高反而会造成产品表面很快被炸成焦黑，而内部仍未熟透的现象。

建议初学者可使用温度计，确保油温在180~190℃之间；若是有经验者，则可用手指取少许冷水滴于油锅内，若很快地发出爆裂清脆的声音，则表示油已达到需要的温度。

Q：怎么挑选合适的油炸油？

A：以一般习惯和取得较容易程度来说，大部分的人都会选择液体状的沙拉油。优点是油炸出的成品口感酥脆，且取得的成本较低；缺点是在冷却后常会在表面产生一层油脂，吃起来感觉多了一份油腻感。

另一选择为耐热点（发烟点）较高的液体状油类，例如：葡萄籽油、茶油等，优点是除了保有酥脆的口感外，即使是长时间经高温油炸，也不易冒烟或导致油体变色；缺点是取得成本较高，且成品在冷却后也会在表面产生一层油脂，吃起来还是略有油腻感。

最后一种是经氢化处理的植物性固体油，如：椰子油、棕榈油等，优点是冷却后产品的表面干涸无油腻感觉，缺点是取得成本最高，购买途径较少。

Q：何谓烫面？目的为何？有哪些产品会使用到烫面法？

A：制作中式点心时通常会将面粉经沸水烫过之后再加冷水搅拌成团，目的是使口感变得较软有弹性，叫作烫面法。

烫面是用高温度的水（95℃以上的热水）将面粉烫熟，让面粉的性质改变。面粉因被烫熟，所以面筋较无力，筋性差，可塑性良好，较不容易回缩，制作上更方便。

烫面更可让面团吸收水量多一倍以上，可以保持面皮的柔软度，在口感上，吃起来较软较弹。一般热水与冷水的比例是2 ：1，即在100g的面粉中，加入热水40g、冷水20g。把烫面用在煎的面食上，如：葱仔饼，就会有外脆内弹的感觉。一般蒸类制品，如：烧卖、汤包或是煎烙类制品，如：葱油饼、荷叶饼等都会使用烫面方式来增加弹软的口感。

Q：怎样才能做出美味好吃弹软的萝卜糕或芋头糕？

A：让萝卜糕或芋头糕口感更有弹性的重要关键——“糊化”。所谓的糊化，即淀粉与水混合均匀后，加热到60~65℃形成均匀糊状溶液，称为糊化作用。如果糊化不完全，即未达到一定的温度，则无法产生弹性，这个时候可以再加热达到所要的温度就可以了，但是若是加热过度，会让口感变硬，而造成老化。

Q：在手工馒头、包子中要怎样做才能有白白的外皮？

A：在传统做法中，在材料里加入黄豆粉，可使面团变得较白嫩，在配方里只要约2%的黄豆粉即可，即100g的面粉里加入2g的黄豆粉。

一般家庭中使用黄豆粉的机会不高而且用量少，如果没有黄豆粉，则可以使用烘焙用全脂奶粉替代，也有同样效果。

Cake

第二章　蛋糕

海绵蛋糕

提示

最佳食用期，室温密封保存3天，冷藏7天。
烤箱预热温度，上火170℃、下火160℃，烘烤时间35~40分钟。

材料、器具

A
- 全蛋 4 颗
- 糖 120g

B
- 低筋面粉 120g
- 泡打粉 1/4 匙

C
- 沙拉油 40g

D
- 鲜奶 55g

E
- 8 英寸（1 英寸 = 2.54cm）活动模

成品分量：
圆形蛋糕 8 英寸 1 个

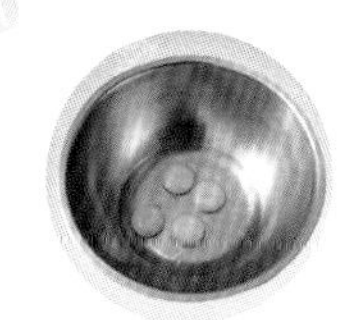
全蛋4颗

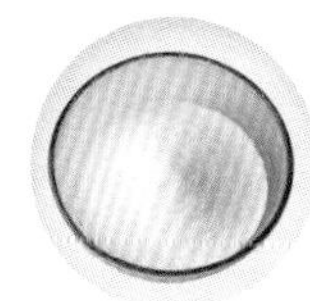
糖120g

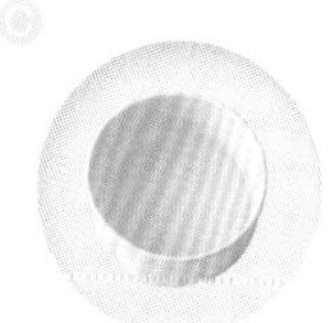
沙拉油40g

低筋面粉120g

泡打粉1/4匙

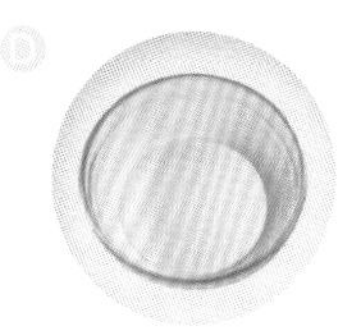
鲜奶55g

8英寸活动模

做法

1 将材料A（全蛋、糖）依次倒入。

2 用电动打蛋器打到硬性发泡。

所谓硬性发泡，就是在面糊纹路上还可明显划出线条而不消失。

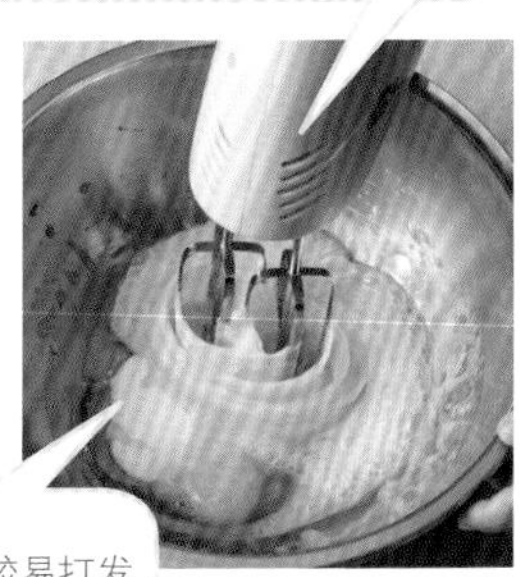

建议用室温下的蛋，较易打发。

3 加入B（低筋面粉、泡打粉）过筛。

4 拌匀。

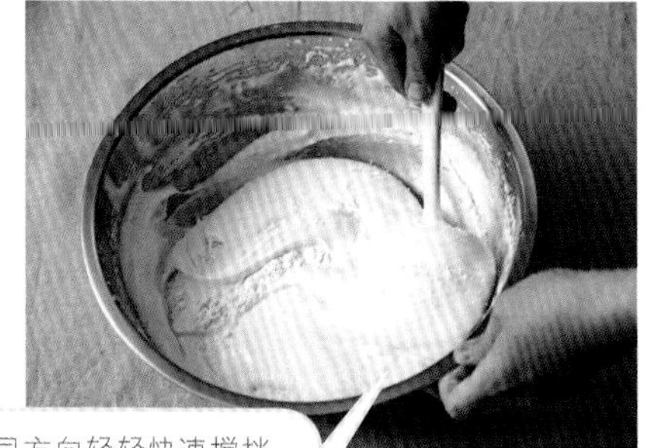

以同方向轻轻快速搅拌，否则容易消泡，导致蛋糕过于扎实。

5 分次加入材料C（沙拉油）拌匀。

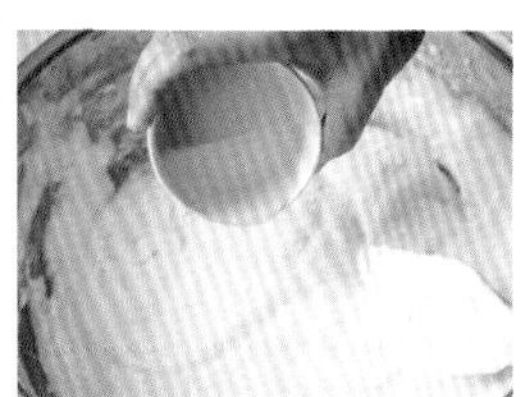

6 加入材料D（鲜奶）拌匀。

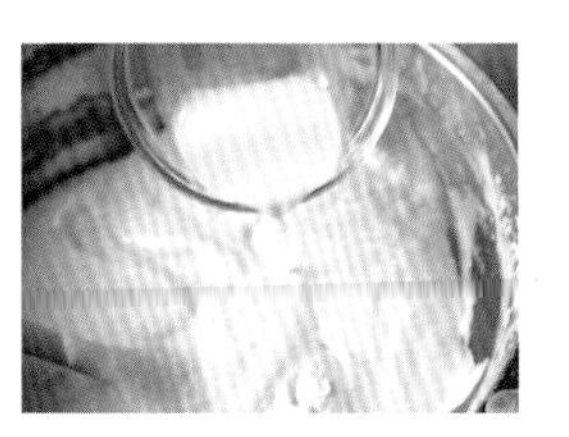

7 倒入模型中。

面糊表面若不平整，可用手指画圈的方式搅拌。

8 放入烤箱前请轻敲两下模型外壁。上火170℃、下火160℃，烘烤35~40分钟。

轻敲的目的是不让蛋糕体有粗大的孔洞产生。

2 蛋糕类

蓝莓马芬蛋糕

提示

最佳食用期，室温5天，冷藏10天。
烤箱预热，温度上火180℃、下火160℃，烘烤时间20~25分钟。

材料、器具

蓝莓马芬蛋糕

A

- 全蛋 1 颗　　• 糖 50g

B

- 黄油 60g

C

- 牛奶 25g

D

- 低筋面粉 100g
- 泡打粉 1/4 匙
- 肉桂粉 1/2 匙

E

- 新鲜蓝莓 80g

器具

F

- 圆形蛋糕纸杯

成品分量：7~8 杯

A

全蛋1颗

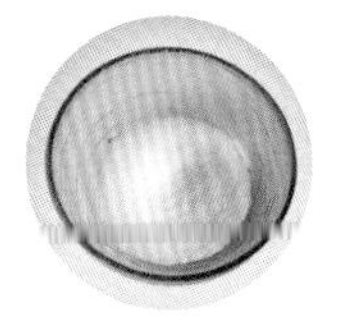

糖50g

B

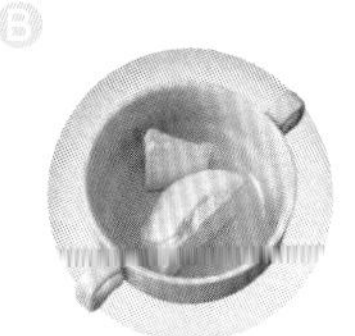

黄油60g

D

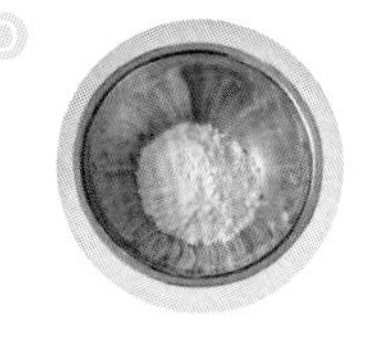

低筋面粉100g

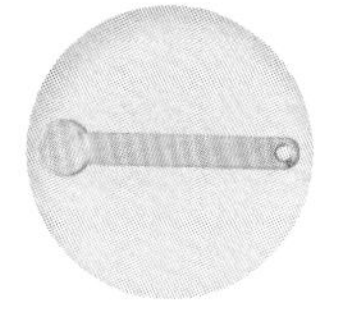

泡打粉1/4匙

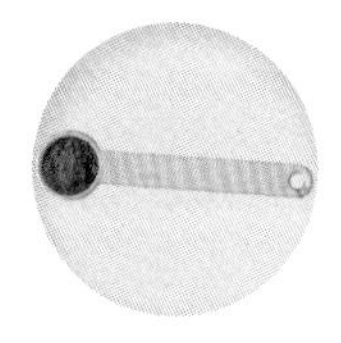

肉桂粉1/2匙

C

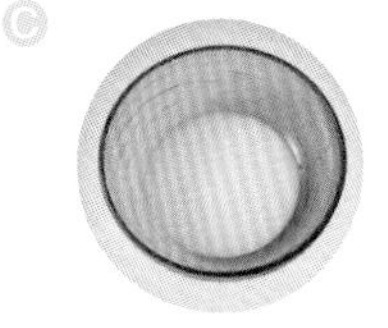

牛奶25g

E

新鲜蓝莓80g

F

圆形蛋糕纸杯

做法

1 先将材料B（黄油）熔化备用。

2 将材料A（全蛋、糖）用电动打蛋器打发成乳霜状。

3 慢慢分次加入材料B（熔化黄油）拌匀。

4 加入材料C（牛奶）搅拌均匀。

5 加入材料D（低筋面粉、泡打粉、肉桂粉）过筛。

不喜欢肉桂粉的味道可以去掉不加。

6 用长柄刮刀快速搅拌均匀。

7 加入材料E（新鲜蓝莓）拌匀。

如果没有新鲜蓝莓，可以用果酱替代，果酱的量是新鲜蓝莓的一半，糖量也要略减才不至于太甜。

8 装入蛋糕纸杯模中七八分满。放入烤箱，上火180℃、下火160℃，烘烤20~25分钟即可。

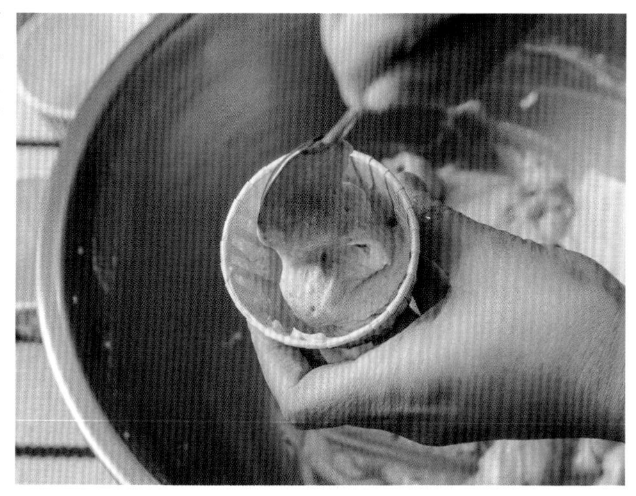

3
蛋糕类

香蕉核桃蛋糕

提示

最佳食用期，室温密封3天，冷藏5天。
烤箱预热温度，上火200℃、下火180℃，烘烤时间20~25分钟。

材料、器具

香蕉核桃蛋糕

A

- 全蛋 2 颗
- 糖 90g
- 盐 1/8 匙

B

- 低筋面粉 130g
- 泡打粉 1/4 匙
- 苏打粉 1/4 匙

C

- 沙拉油 40g

D

- 香蕉泥 100g
- 柠檬汁 15g

E

- 核桃 40g

器具

F

- 圆形蛋糕纸杯

成品分量：10~12 杯

A

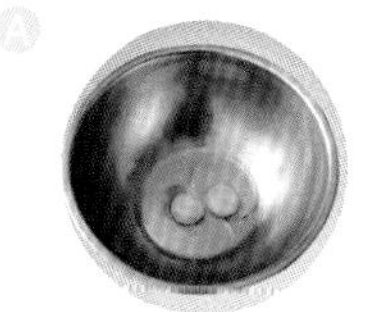

全蛋2颗

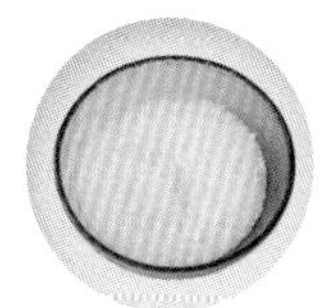

糖90g

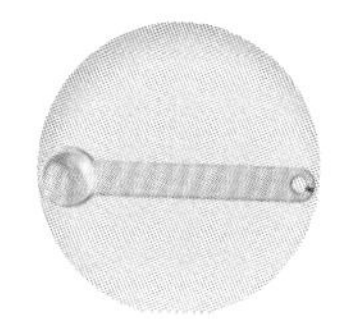

盐1/8匙

B

低筋面粉130g

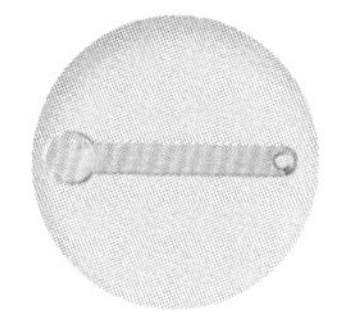

泡打粉1/4匙

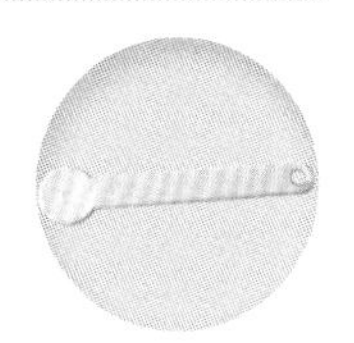

苏打粉1/4匙

C

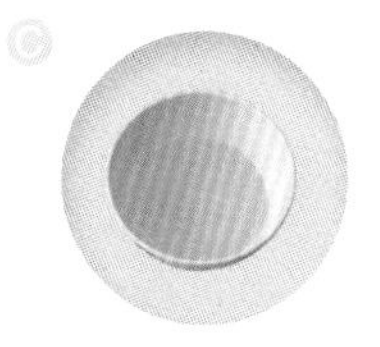

沙拉油40g

D

香蕉泥100g

柠檬汁15g

E

核桃40g

F

圆形蛋糕纸杯

做法

1 先将材料D（香蕉泥、柠檬汁）混合好备用。

做蛋糕的香蕉可以用熟一点儿的香蕉，做出来的蛋糕会更香喔！

2 将材料A（全蛋、糖、盐）用电动打蛋机打发至面糊纹路深邃，用电动打蛋机拉起时可以画出线条，也不会马上消失。

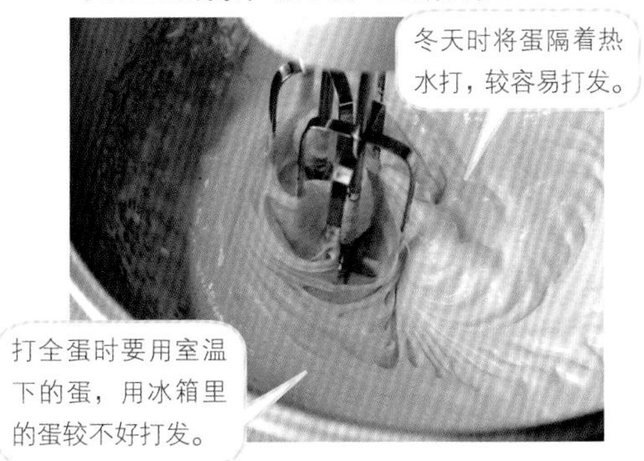

冬天时将蛋隔着热水打，较容易打发。

打全蛋时要用室温下的蛋，用冰箱里的蛋较不好打发。

3 加入材料B（低筋面粉、泡打粉、苏打粉）过筛快速拌匀。

4 接着加入材料C（沙拉油）拌匀。

5 再将材料D（香蕉泥、柠檬汁）加入。

6 将拌好的面糊装入袋中。将袋剪个洞，将面糊挤入纸模约八分满。

7 在表面平均撒上材料E（核桃）后，放入烤箱，上火200℃、下火180℃，烘烤20~25分钟。

撒在上面要用生核桃，若想放在蛋糕内部要用熟核桃。

4 蛋糕类

迷你布朗尼

提示

最佳食用期，室温密封保存5天，冷藏10天。

烤箱预热温度，上火180℃、下火160℃，烘烤时间12~15分钟。

材料、器具

迷你布朗尼

A

- 黄油 90g
- 糖 30g
- 盐 1/8 匙

B

- 蛋液 65g

C

- 苦甜巧克力 120g
- 鲜奶 25g

D

- 低筋面粉 45g
- 可可粉 1 大匙
- 苏打粉 1/8 匙

表面装饰

F

- 杏仁粒 20g

器具

F

- 直径 3.5cm 铝模

成品分量：15~18 个

A

黄油90g

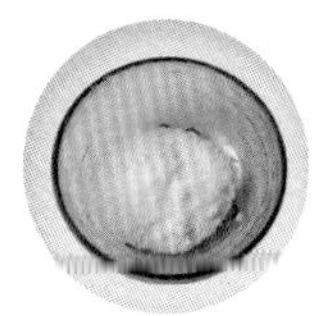

糖30g

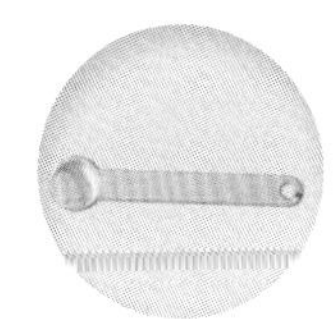

盐1/8匙

B

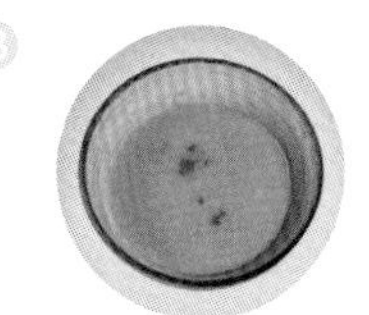

蛋液65g

C

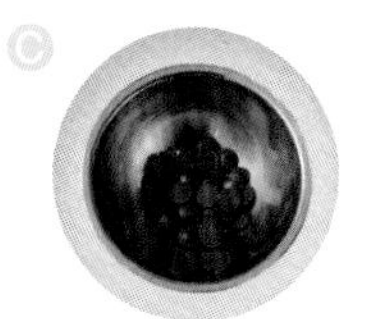

苦甜巧克力120g

鲜奶25g

D

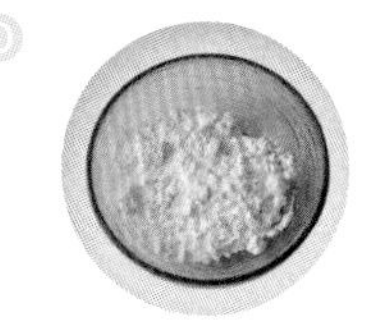

低筋面粉45g

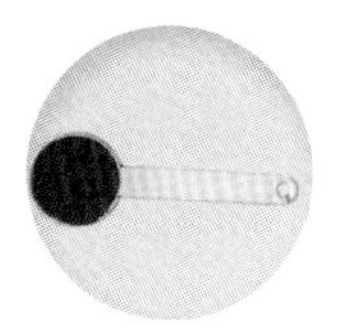

可可粉1大匙

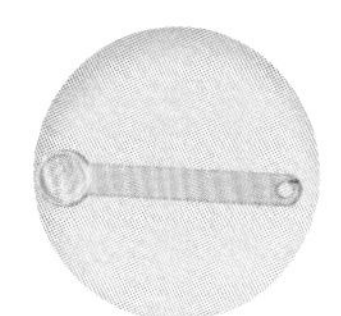

苏打粉1/8匙

E

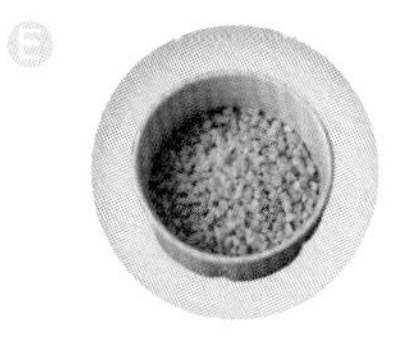

杏仁粒20g

F

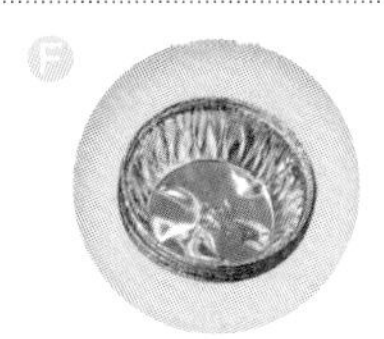

直径3.5cm铝模

做法

1 将材料A（黄油、糖、盐）分别倒入盆中。

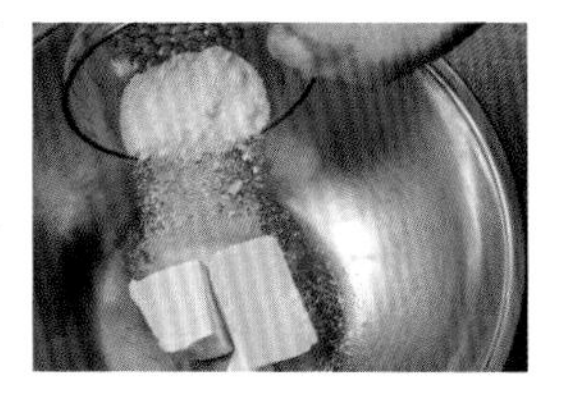

2 用打蛋器搅打成乳霜状。

3 分次加入材料B（蛋液）搅拌均匀。

蛋液超过50g时，要分次加入搅打，因为加入过多的蛋液很难搅打均匀，易油水分离，影响口感。

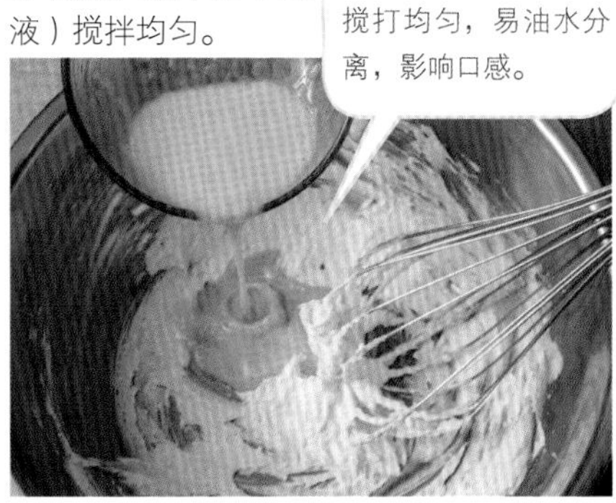

4 将材料C（苦甜巧克力、鲜奶）以隔水加热方式拌到熔化。

5 将熔化均匀的材料C加入做法3中搅拌均匀。

6 加入材料D（低筋面粉、可可粉、苏打粉）过筛搅拌均匀。

加入面粉后就不要搅拌太久，以免搅拌出筋，让蛋糕变得太扎实。

7 装入塑料袋中。

装塑料袋是为了方便挤入模中，也可以用汤匙舀入模中。

8 挤入模中七八分满。

9 撒上材料E（杏仁粒）即可放入烤箱。上火180℃、下火160℃，烘烤12~15分钟。

5

蛋糕类

轻食蛋糕

提示

最佳食用期，室温3天，冷藏7天。

烤箱预热温度，上火180℃、下火160℃，烘烤时间15~20分钟。

材料、器具

A

- 蛋黄 2 颗
- 全蛋 25g
- 糖 20g

B

- 低筋面粉 40g
- 玉米粉 20g

C

- 蛋白 55g

D

- 糖 50g

E

- 南瓜子适量

F

- 圆形蛋糕纸杯

成品分量：6 杯

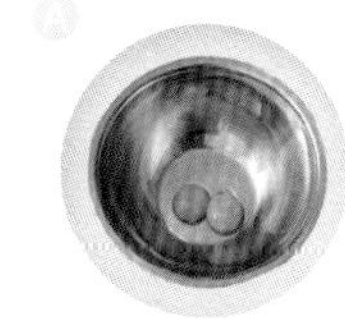
蛋黄2颗

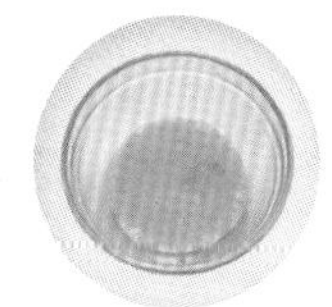
全蛋25g

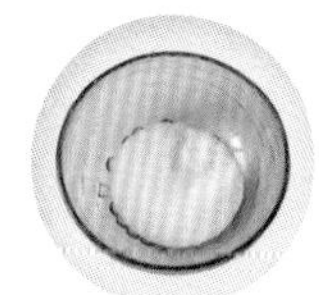
糖20g

低筋面粉40g

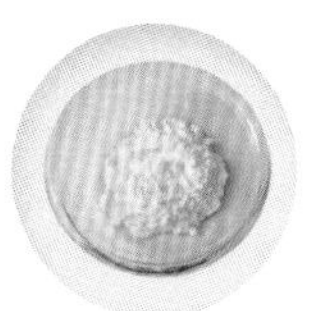
玉米粉20g

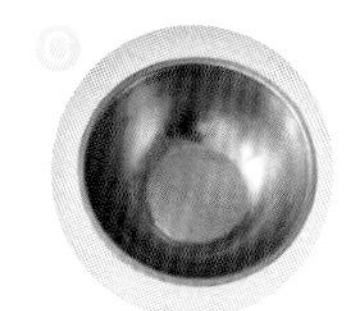
蛋白55g

糖50g

南瓜子适量

圆形蛋糕纸杯

做法

1 将材料A（蛋黄、全蛋、糖）用打蛋器搅打成乳白色。

2 将材料B（低筋面粉、玉米粉）过筛后搅拌均匀。

3 加入面粉后的面糊较干，用打蛋器搅打容易将面粉卡在上面，建议用长柄刮刀搅拌。

4 将材料C（蛋白）用电动打蛋器打到起泡。

5 将材料D（糖）分两次加入。

6 将蛋白打至硬性发泡。

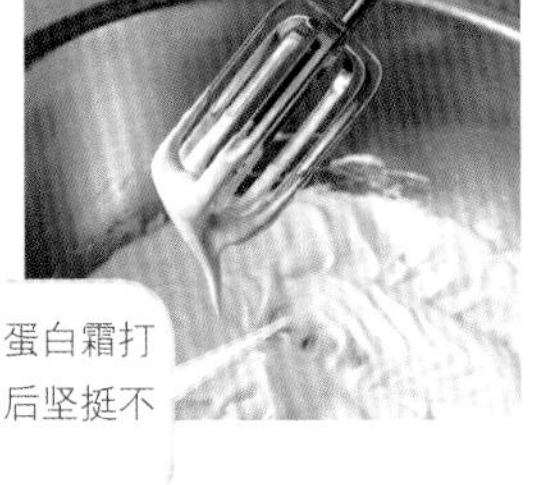

所谓硬性发泡，即蛋白霜打到纹路深邃，拉起后坚挺不动。

7 取1/4打发好的做法6（蛋白霜）加入做法2中拌匀。

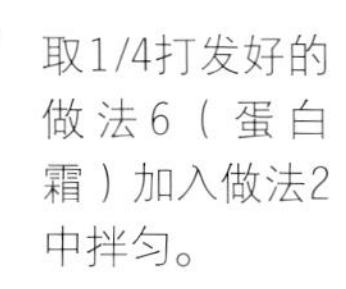

8 再加入到剩余蛋白霜里搅拌均匀。

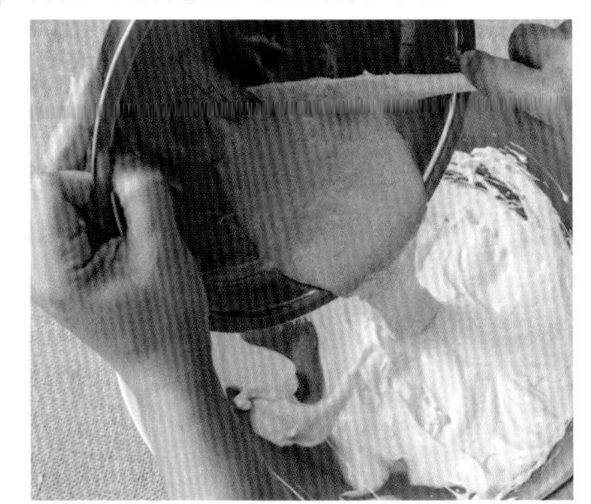

9 装入杯子模型中七八分满。

10 面糊表面放上几粒南瓜子装饰。放入烤箱，上火180℃、下火160℃，烘烤15~20分钟。

也可依自己喜好，加入不同的食材装饰。

6 草莓大理石蛋糕

蛋糕类

提示

最佳食用期，室温3天，冷藏7天。

烤箱预热温度，上火180℃、下火160℃，烘烤时间25~30分钟。

材料、器具

黄油面糊

A

- 黄油 90g
- 糖 80g
- 盐 1/8 匙

B

- 蛋液 65g

C

- 鲜奶 40g

D

- 低筋面粉 120g
- 泡打粉 1/4 匙

草莓面糊

E

- 黄油面糊 40g

F

- 草莓粉 1/4 匙

G

- 草莓酱 10g

器具

H

- 长条铝模

成品分量：1 条

A

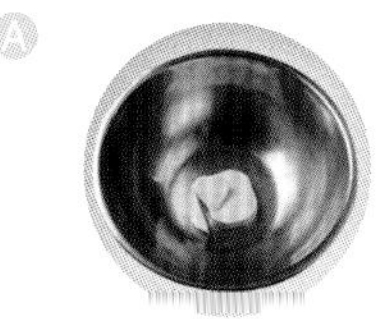

黄油90g

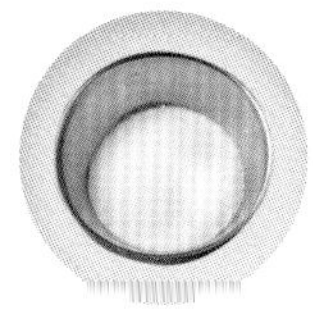

糖80g

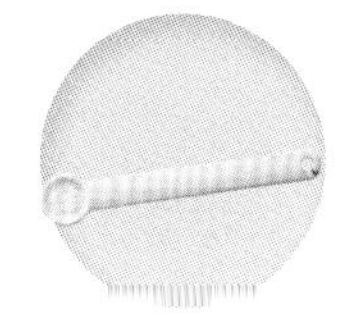

盐1/8匙

B

蛋液65g

C

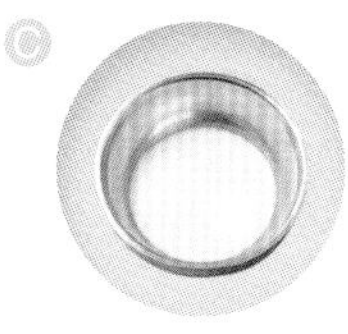

鲜奶40g

E

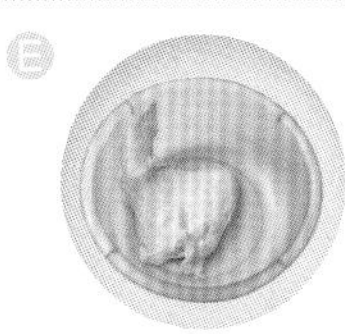

黄油面糊 40g

D

低筋面粉120g

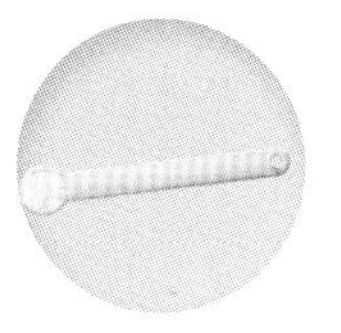

泡打粉 1/4匙

F

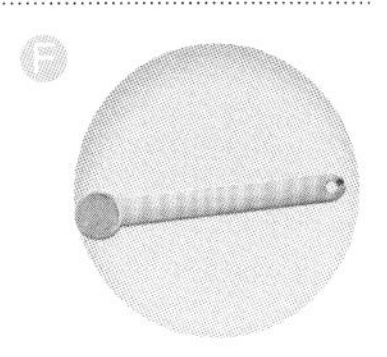

草莓粉 1/4匙

G

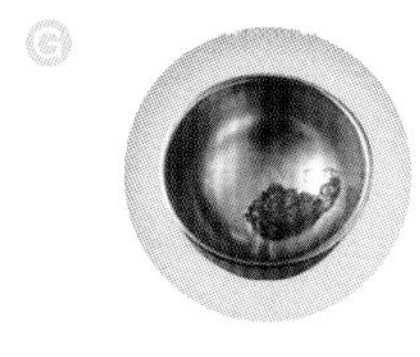

草莓酱10g

H

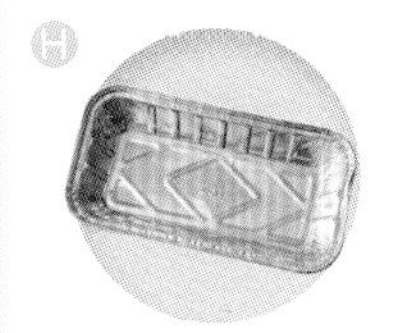

长条铝模

做法

1 将材料A（黄油、糖、盐）用打蛋器打发成乳霜状。

2 将材料B（蛋液）分次加入。

每次加入蛋液后要确实打到均匀才能再加下一次，这样才不会产生油水分离的状况。

3 加入材料C（鲜奶）。

如果感觉面糊有油水分离的状况，可以抓一些低筋面粉加入拌匀。

4 将材料D（低筋面粉、泡打粉）过筛加入拌匀，即为黄油面糊。

5 取出40g黄油面糊加入材料F（草莓粉）。

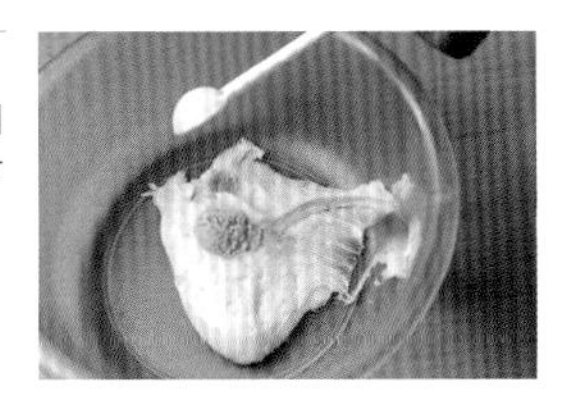

6 加入材料G（草莓酱）。

7 搅拌均匀成草莓面糊。

8 将草莓面糊倒入黄油面糊上。

9 轻轻地铺在黄油面糊表面。

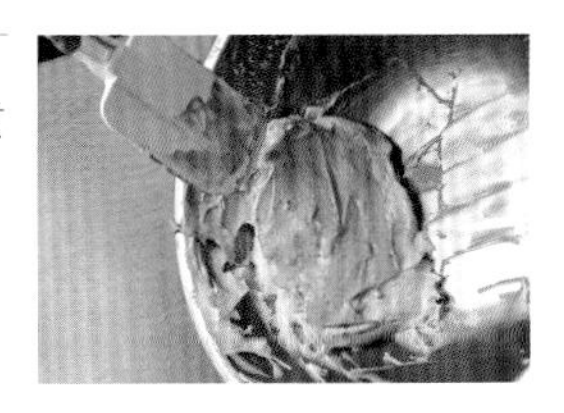

10 用长柄刮刀稍微搅拌。

只要搅拌几下即可，让两种颜色纹路分明，不要过度搅拌，避免面糊均匀。

11 倒入长条铝模中。

12 放入烤箱，上火180℃、下火160℃，烘烤25~30分钟。

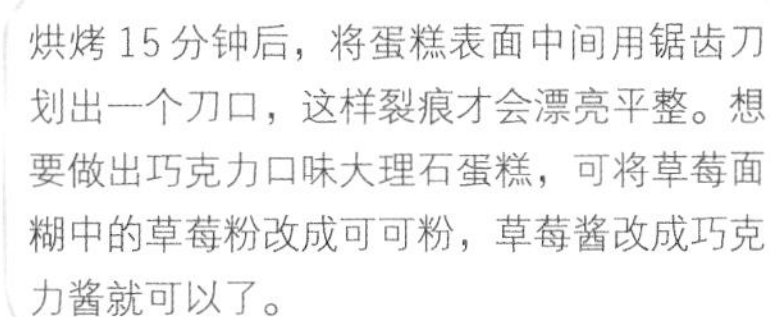

烘烤15分钟后，将蛋糕表面中间用锯齿刀划出一个刀口，这样裂痕才会漂亮平整。想要做出巧克力口味大理石蛋糕，可将草莓面糊中的草莓粉改成可可粉，草莓酱改成巧克力酱就可以了。

7 爆浆杯子蛋糕

蛋糕类

提示

最佳食用期，冷藏7天。

烤箱预热温度，上火170℃、下火160℃，烘烤时间20 分钟。

材料、器具

杯子蛋糕

A

- 蛋黄 2 颗
- 全蛋 25g
- 糖 10g

B

- 沙拉油 20g

C

- 水 10mL

D

- 低筋面粉 30g
- 全麦粉 20g
- 泡打粉 1/4 匙

E

- 蛋白 40g

F

- 柠檬汁 1/8 匙

G

- 糖 25g

内馅

H

- 牛奶 100g
- 糖 25g

I

- 全蛋 30g

J

- 低筋面粉 10g
- 玉米粉 10g

K

- 黄油 5g

L

- 打发鲜奶油 80g

表面装饰

M

- 防潮糖粉适量

器具

N

- 方形烘焙蛋糕纸盒
- 挤花袋

成品分量：5 杯

A

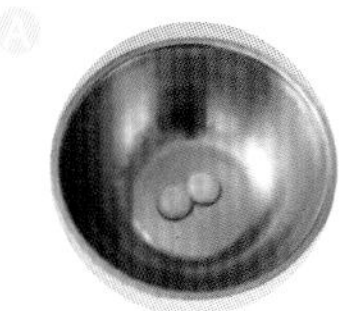

蛋黄2颗

全蛋25g

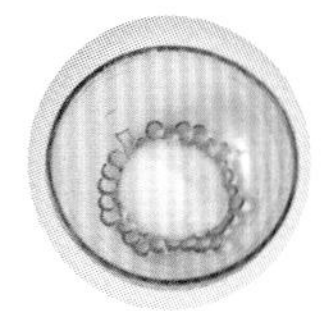

糖10g

B

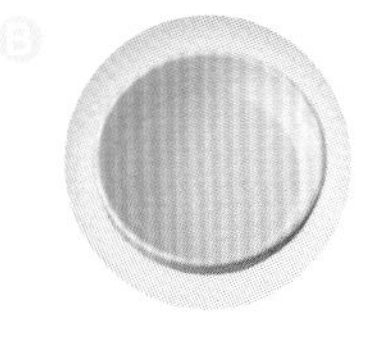

沙拉油20g

C

水10mL

E

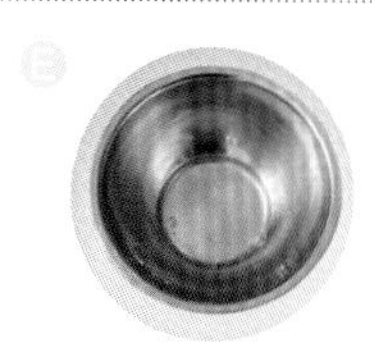

蛋白40g

D

低筋面粉30g

全麦粉20g

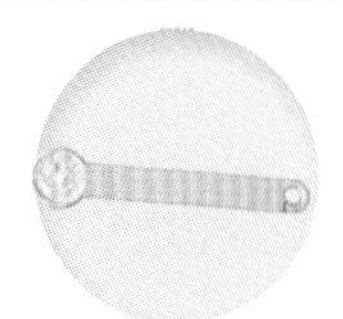

泡打粉1/4匙

F

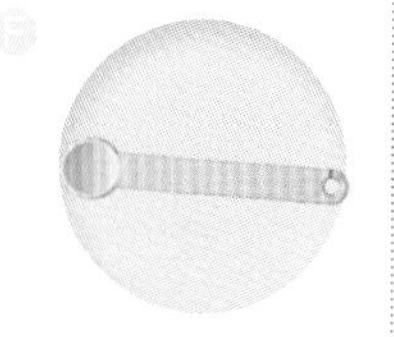

柠檬汁1/8匙

H

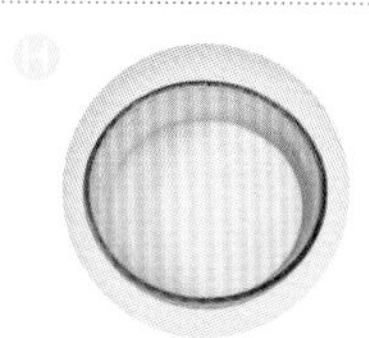

牛奶100g

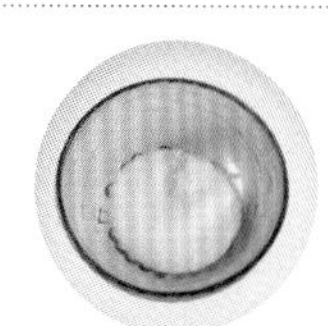

糖25g

G

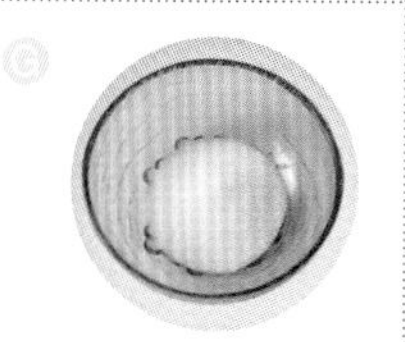

糖25g

J

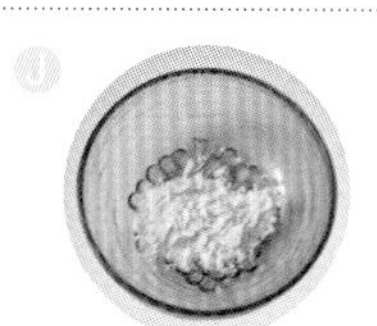

低筋面粉10g

玉米粉10g

I

全蛋30g

K

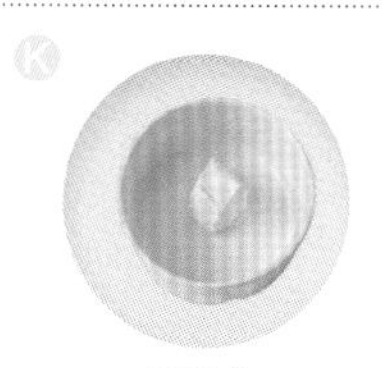

黄油5g

L

打发鲜奶油80g

M

防潮糖粉适量

N

方形烘焙蛋糕纸盒

挤花袋

做法

1 杯子蛋糕制作：将材料A（蛋黄、全蛋、糖）用打蛋器搅打至乳白色浓稠状。

2 加入材料B（沙拉油）拌匀。

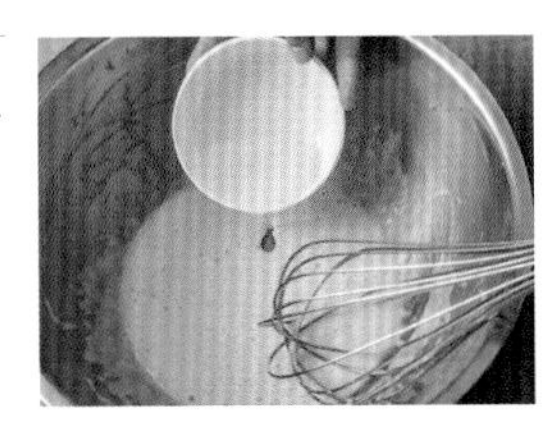

3 加入材料C（水）拌匀。

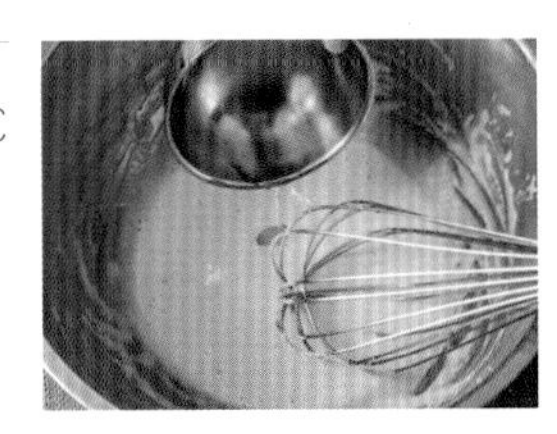

4 加入材料D（低筋面粉、全麦粉、泡打粉）过筛。

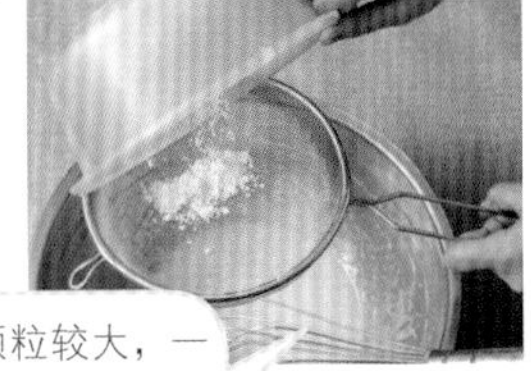

全麦粉本身的颗粒较大，一定会有颗粒留在筛网上，直接倒入面糊中即可，不用倒掉。

5 搅拌均匀至看不到面粉为止。

6 将材料F（柠檬汁）加入材料E（蛋白）中。

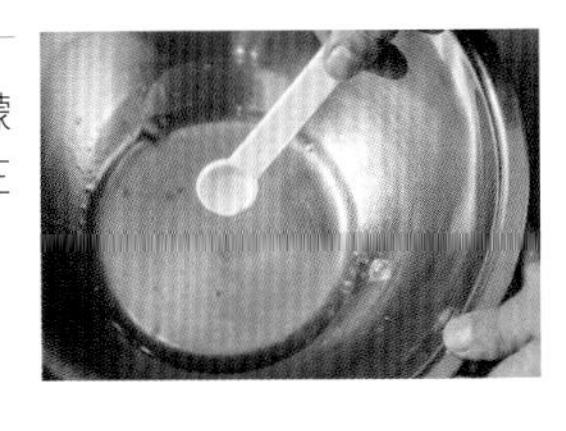

7 用电动打蛋机打到泡沫出现。

8 将材料G（糖）全部倒入。

9 打到硬性发泡。

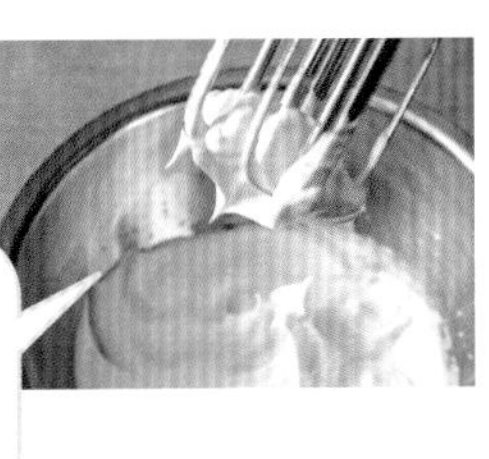

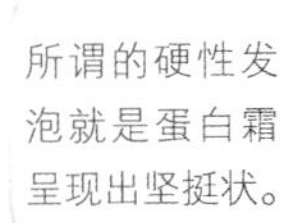

所谓的硬性发泡就是蛋白霜呈现出坚挺状。

10 取出做法9中1/4的蛋白霜。

11 与做法5面糊拌匀。

12 最后再将做法9剩余的蛋白霜全部倒入拌匀。

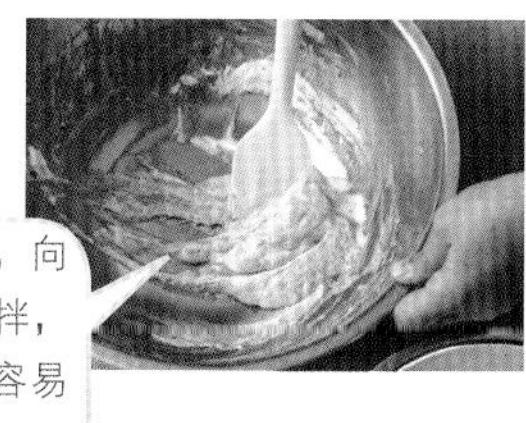

全部的蛋白霜加入后，向同一方向快速轻轻搅拌，若是不规则搅拌，很容易因消泡而使得蛋糕体变得扎实。

13 将拌好的面糊，放入塑料袋中。

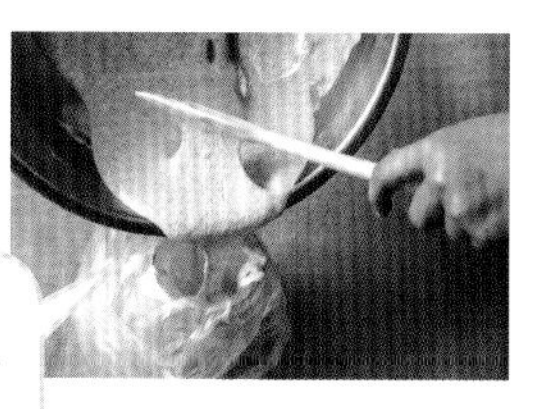

放塑料袋的目的是为了方便挤到纸杯模型中，也可用直接倒入的方式。

14 挤入纸杯模型中七八分满。放入烤箱，上火170℃、下火160℃，烘烤约20分钟。

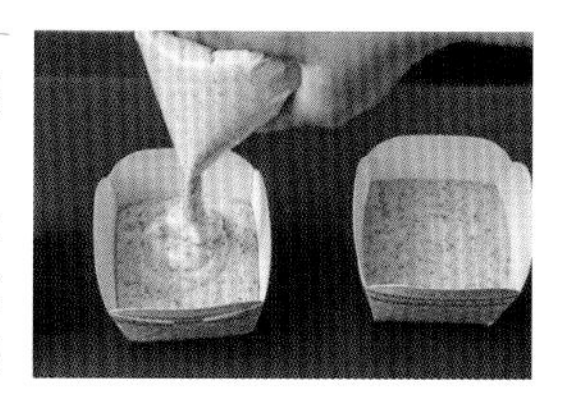

15 内馅制作：将材料H（牛奶、糖）、材料I（全蛋）、材料J（低筋面粉、玉米粉）倒入料理盆中。

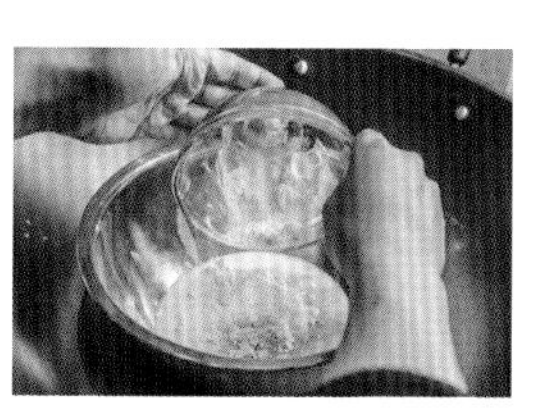

16 用隔水加热方式搅拌到变成浓稠状。

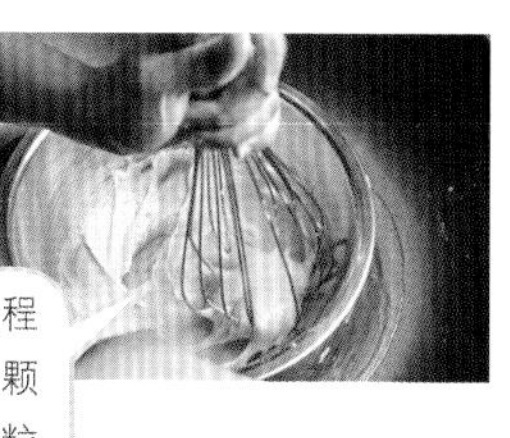

加热过程中，一定要全程一直搅拌，中间会产生颗粒，只要持续搅拌到颗粒不见即可。

17 最后加入材料K（黄油）拌匀。

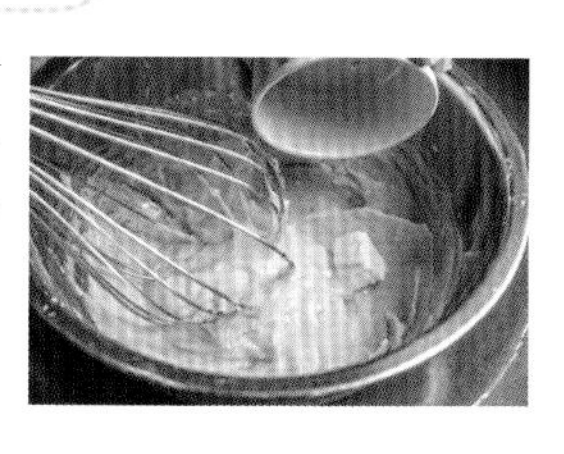

18 将材料L（打发鲜奶油）与放凉的做法15馅料拌匀。

19 装入挤花袋中。

20 组合成型：在蛋糕体的上方，用刀子割出一小片圆片。

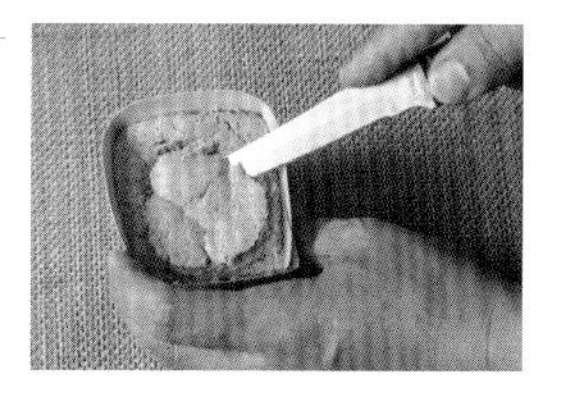

21 把馅料挤入。

22 将割下来的蛋糕圆片盖上。

23 最后撒上防潮糖粉即可大功告成。

8 蛋糕类

重乳酪蛋糕

提示

最佳食用期，室温1天，冷藏7天。

烤盘加水预热(水浴蒸法)，上火160℃、下火150℃，烘烤时间40~45分钟。

材料、器具

乳酪蛋糕

A

- 奶油奶酪 250g
- 糖 45g

B

- 全蛋 1 颗

C

- 优酪乳 80g

D

- 玉米粉 7g
- 低筋面粉 7g

底部

E

- 饼干 50g
- 黄油 15g

器具

F

- 长条铝模

成品分量：1 条

A

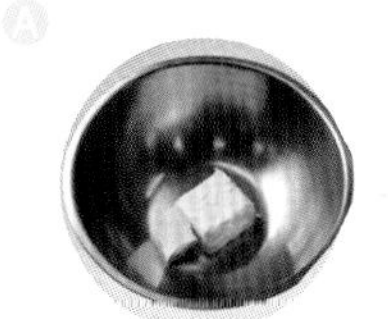

奶油奶酪250g

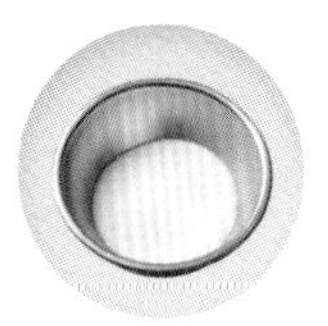

糖45g

B

全蛋1颗

C

优酪乳80g

D

玉米粉7g

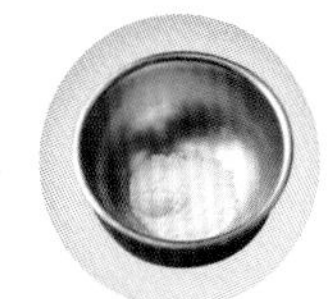

低筋面粉7g

E

饼干50g

黄油15g

F

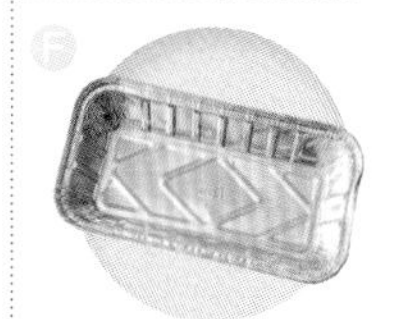

长条铝模

做法

1 先将材料E中的黄油熔化。

熔化方式可用微波炉、烤箱，或是隔水加热方式都可以。

2 再将饼干装入塑料袋中压碎。

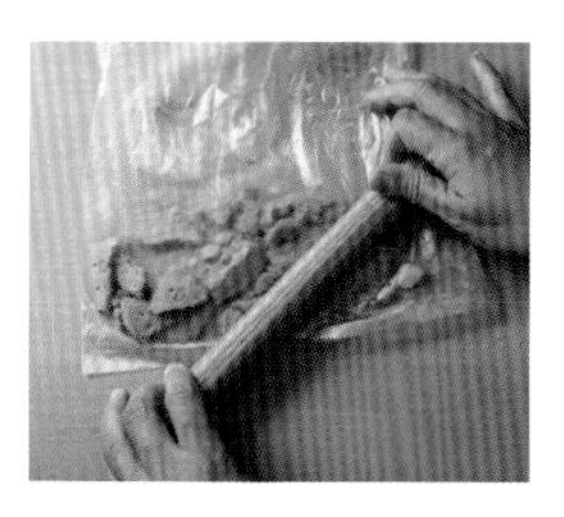

3 将碎饼干加入至熔化黄油中。

4 搅拌均匀。

5 将拌好的饼干放入模型中。

6 铺底，用汤匙紧压。

7 变成扎实的饼干体备用。

8 将材料A（奶油奶酪、糖）搅打到松发。

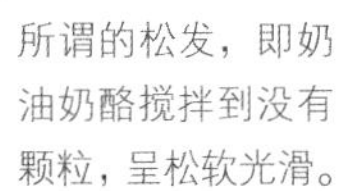

所谓的松发，即奶油奶酪搅拌到没有颗粒，呈松软光滑。

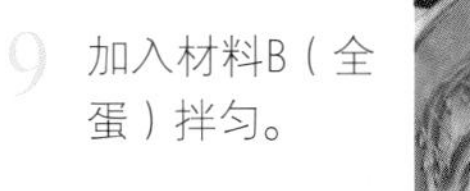

9 加入材料B（全蛋）拌匀。

10 加入材料C（优酪乳）拌匀。

如果没有优酪乳，也可以用动物鲜奶油或是牛奶替代，当然口感味道上也会因替代的材料不同而有所不同。

11 加入材料D（玉米粉、低筋面粉）过筛拌匀。

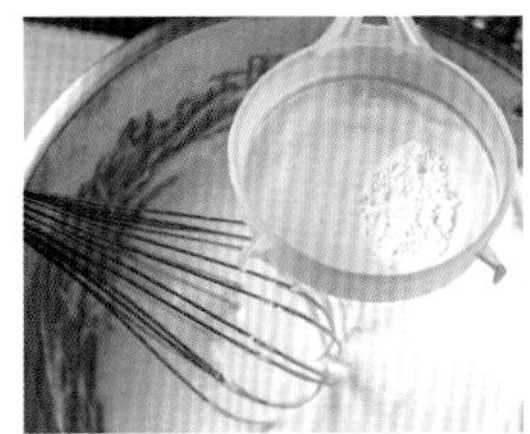

12 搅拌均匀后，倒入铺好底的模型中。

13 放入装有水的烤盘中。上火160℃、下火150℃，水浴法低火方式烤熟即可。

烤盘水没有时要加热水补充，如烤箱温度过高，则开烤箱门降温，或是加冷水降低温度，防止乳酪蛋糕表面过度裂开。

轻乳酪蛋糕

提示

最佳食用期，冷藏7天。蛋糕刚做好时口感比较湿软，冷藏1天左右就像外面卖的口感一样。
烤盘内加入水，烤箱预热温度，上火180℃、下火160℃，烘烤10~15分钟后，再将上下火调至120℃烤35~40分钟，总烘烤时间45~55分钟。

材料、器具

轻乳酪蛋糕

A
- 奶油奶酪 130g
- 鲜奶 100g
- 糖 15g

B
- 蛋黄 40g

C
- 低筋面粉 30g
- 玉米粉 1 茶匙

D
- 蛋白 60g
- 柠檬汁 1/2 匙

E
- 糖 30g

底部装饰

F
- 原味海绵蛋糕

器具

G
- 4 英寸圆形模

成品分量：4 英寸圆形模 2 个

A

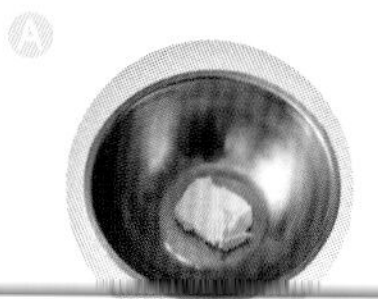
奶油奶酪130g

鲜奶100g

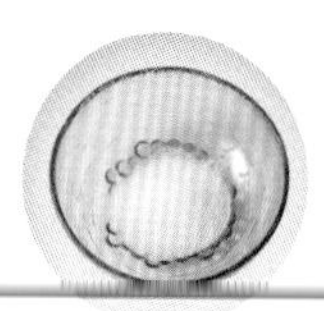
糖15g

B

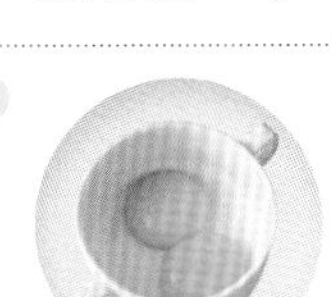
蛋黄40g

C

低筋面粉30g

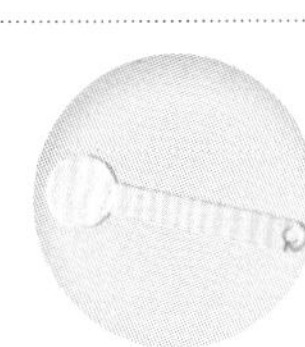
玉米粉1茶匙

D

蛋白60g

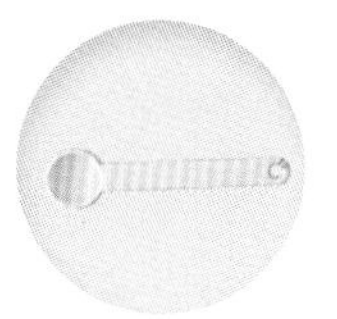
柠檬汁1/2匙

E

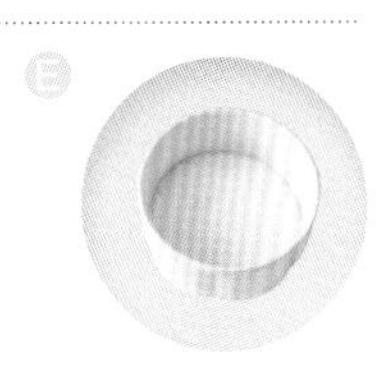
糖30g

F

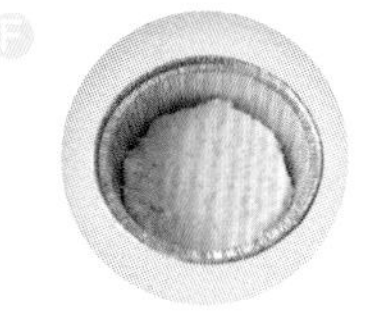
原味海绵蛋糕

G

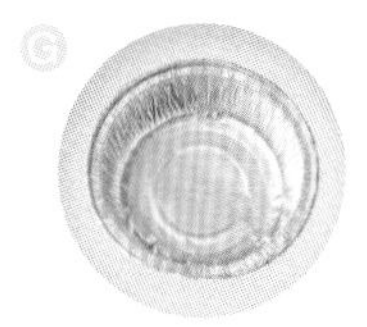
4英寸圆形模

做法

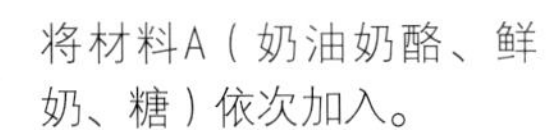

1 将材料A（奶油奶酪、鲜奶、糖）依次加入。

2 以隔水加热方式搅拌至奶油奶酪熔化。

3 搅拌到没有颗粒为止。

4 将材料B（蛋黄）一个一个慢慢加入拌匀。

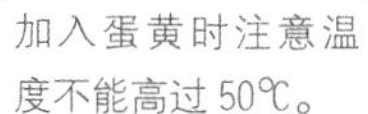
加入蛋黄时注意温度不能高过50℃。

5 加入材料C（低筋面粉、玉米粉）过筛。

6 搅拌均匀备用。

7 材料D（蛋白、柠檬汁）先用电动打蛋器打出一些泡沫。

8 材料E（糖）分2次加入。

9 打至湿性发泡。

所谓湿性发泡是只要把蛋白打到转动时有纹路出现即可。

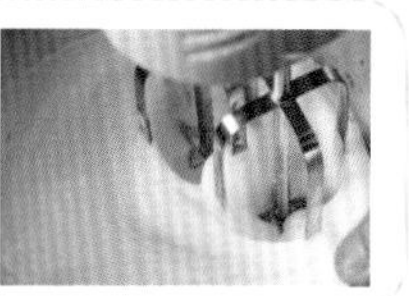

10 取出1/3蛋白霜和做法6拌匀。

11 将剩余蛋白霜全部加入轻拌均匀。

注意搅拌时要一个方向搅拌，面糊才不会消泡过多。

12 倒入装有海绵蛋糕的模型中。

13 烤箱内部用深烤盘装入一半的水量，以上火180℃、下火160℃预热。面糊放入烤箱约15分钟后，调至110~120℃续烤约40分钟即可。

若温度过高，在烤盘内加入冷水降温，若是烤盘里水量变少，加热水续烤。

10 巧克力蛋糕卷

提示

最佳食用期限，冷藏10天。
烤箱预热温度，上火170℃、下火160℃，烘烤时间20分钟。

材料、器具

巧克力蛋糕

A
- 蛋黄 85g
- 糖 90g
- 盐 1/2 匙

B
- 沙拉油 78g

C
- 水 175mL

D
- 低筋面粉 165g
- 可可粉 30g
- 泡打粉 1/2 匙
- 苏打粉 1/2 匙

E
- 蛋白 165g

F
- 柠檬汁 1/4 匙

G
- 糖 110g

内馅

H
- 打发鲜奶油 适量

器具

I
- 深烤盘

成品分量：2 条

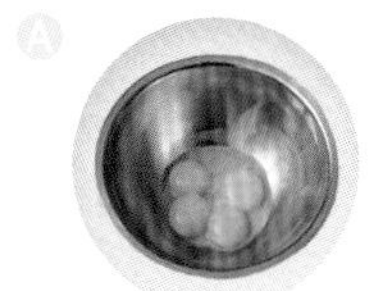
蛋黄85g

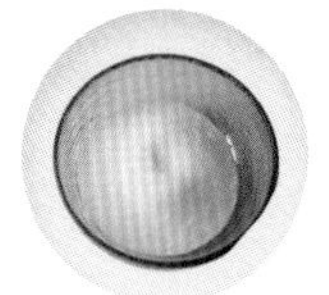
糖90g

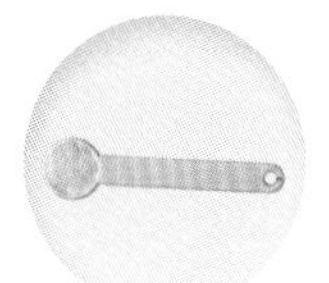
盐1/2匙

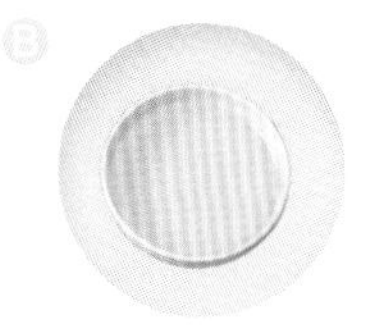
沙拉油78g

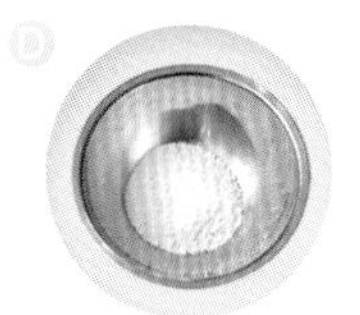
低筋面粉165g

可可粉30g

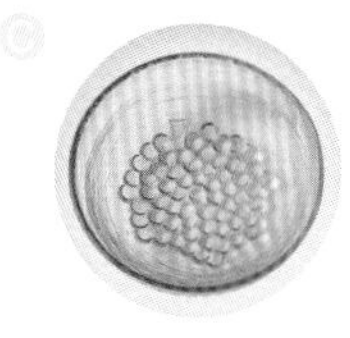
水175mL

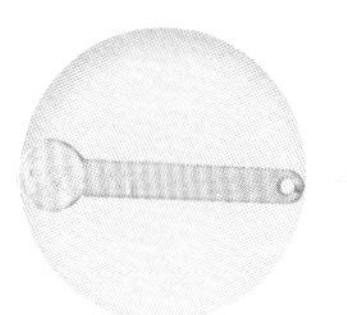
泡打粉1/2匙

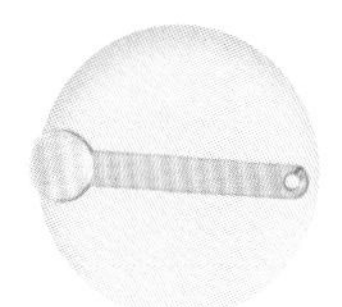
苏打粉1/2匙

蛋白165g

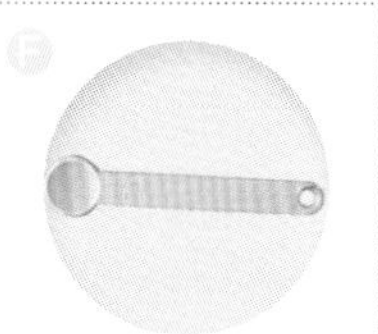
柠檬汁1/4匙

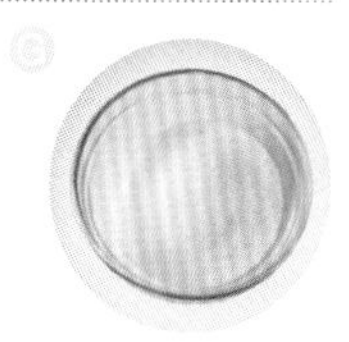
糖110g

打发鲜奶油适量

深烤盘

做法

1 将材料A（蛋黄、糖、盐）加入盆中。

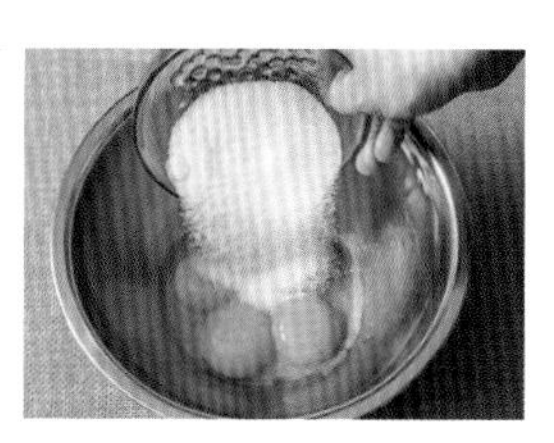

2 用打蛋器打至乳白浓稠状。

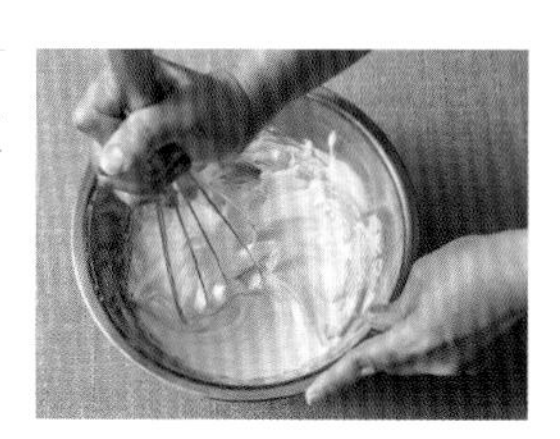

3 分次加入材料B（沙拉油）拌匀。

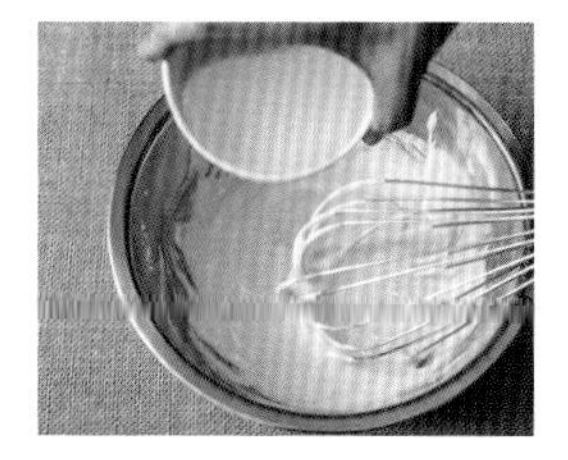

4 加入材料C（水）拌匀。

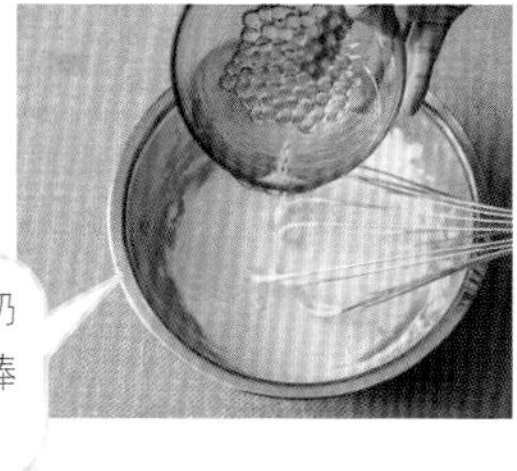

水也可以用鲜奶替代，风味更棒喔！

5 加入材料D（低筋面粉、可可粉、泡打粉、苏打粉）过筛拌匀。

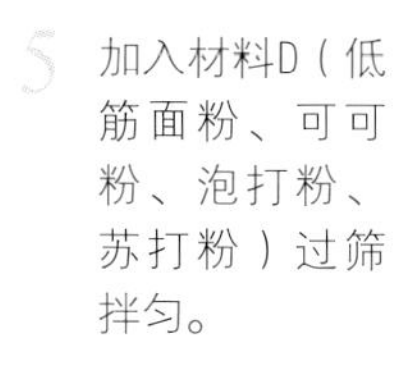

6 蛋白霜制作，将材料E（蛋白）加入材料F（柠檬汁）。

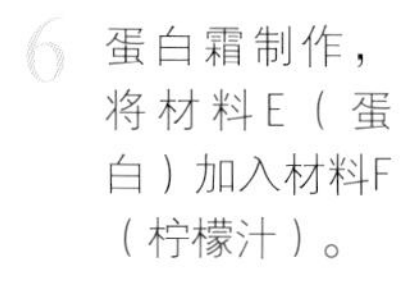

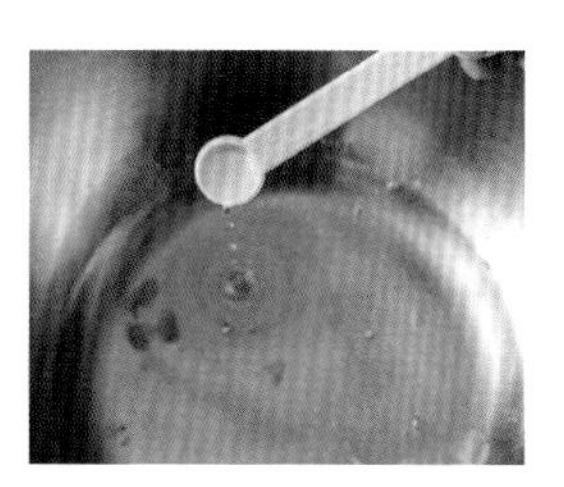

7 做法6用电动打蛋器打到起泡。

8 分次加入材料G（糖）。

每次倒入糖后，大约搅打60秒即可。

9 打至硬性发泡。

所谓硬性发泡，即蛋白霜打到纹路深邃，拉起后坚挺不动。

10 将做法9打好的蛋白霜取出1/3加入面糊中拌匀。

11 再把拌匀的面糊倒入剩下的2/3蛋白霜内。

12 将拌匀的面糊倒入垫烘焙纸的深烤盘中。

13 将表面抹平。

14 放入烤箱前先敲一下。上火170℃、下火160℃，烘烤20分钟。

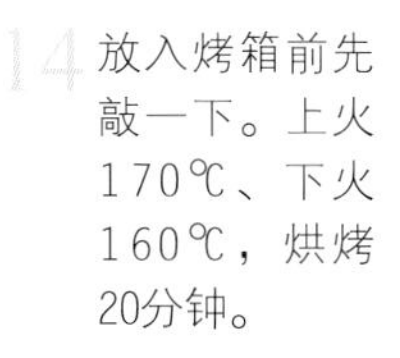

敲一下的目的是为了让面糊里的大气泡消掉，让蛋糕组织更绵密。

15 蛋糕冷却后抹上材料H（打发鲜奶油）。

16 将蛋糕卷起。

17 卷成圆柱状，即可放入冰箱冷藏。

11
蛋糕类

养生杯子蛋糕

提示

最佳食用期，室温2天，冷藏5天。
烤箱预热温度，上火170℃、下火150℃，烘烤时间15~20分钟。

材料、器具

杯子蛋糕

A

- 蛋白 100g　- 糖 35g

B

- 沙拉油 30g

C

- 豆浆 35g

D

- 低筋面粉 40g
- 玉米粉 1 茶匙

E

- 杂粮粉 10g

表面装饰

F

- 枸杞子 15g

G

- 南瓜子适量

器具

H

- 蛋糕纸杯

成品分量：8~10 杯

蛋白100g

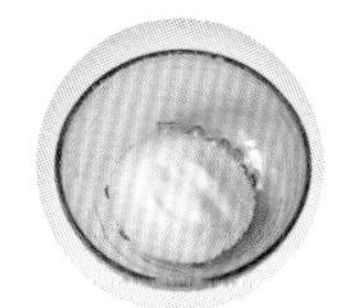
糖35g

沙拉油30g

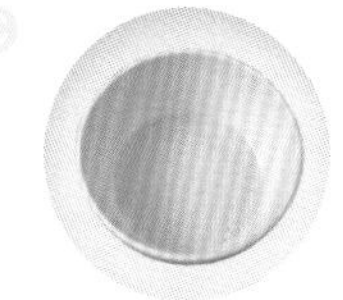
豆浆35g

低筋面粉40g

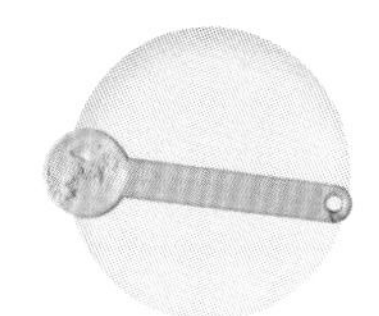
玉米粉1茶匙

杂粮粉10g

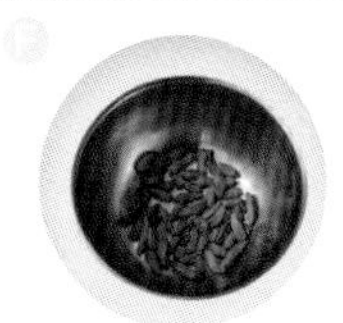
枸杞子15g

南瓜子适量

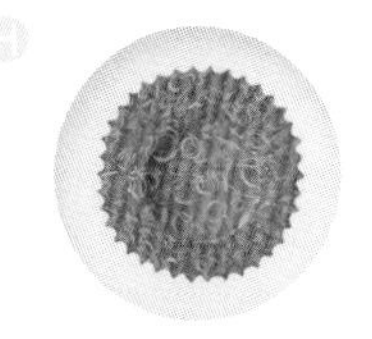
蛋糕纸杯

做法

1 将枸杞子泡水软化。

2 材料A（蛋白、糖）用电动打蛋机低速挡打至湿性发泡，备用。

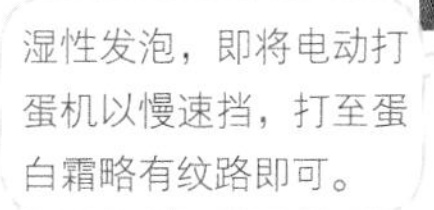
湿性发泡，即将电动打蛋机以慢速挡，打至蛋白霜略有纹路即可。

3 将材料C（豆浆）加入材料B（沙拉油）中拌匀。

4 加入材料D（低筋面粉、玉米粉）过筛。

5 以长柄刮刀拌匀。

6 倒入材料E（杂粮粉）。

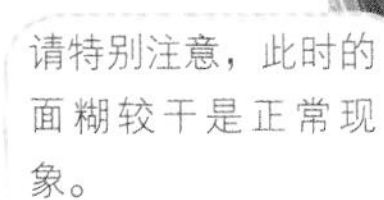

7 以刮刀取做法2中1/3打好的湿性蛋白霜加入拌匀。

8 将拌好1/3蛋白霜的面糊全部倒入剩余的蛋白霜中。

9 搅拌均匀。

10 加入一部分材料F（枸杞子）拌匀。

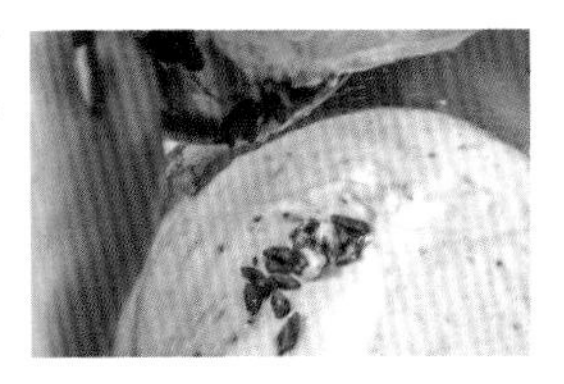

11 倒入模型中。

红色的蛋糕纸模因为较软无法单独使用，需要在下面垫上硬的容器。如：马芬蛋糕模或铝制杯模都可。

12 表面平均放入材料F（枸杞子）、材料G（南瓜子）。放入烤箱烤15~20分钟即可。

12
蛋糕类

柠檬蛋糕

提示

最佳食用期，室温2天，冷藏7天。
烤箱预热温度，上火170℃、下火160℃，烘烤时间20~25分钟。

材料、器具

柠檬蛋糕

A

- 全蛋 90g
- 糖 60g

B

- 黄油 40g
- 原味优格 20g
- 果糖 8g

C

- 低筋面粉 60g

D

- 柠檬汁 18g

表面装饰（柠檬皮颗粒）

E

- 糖粉 100g

F

- 柠檬汁 25g

器具

G

- 6 英寸爱心铝模

成品分量：6 英寸蛋糕 1 个

A

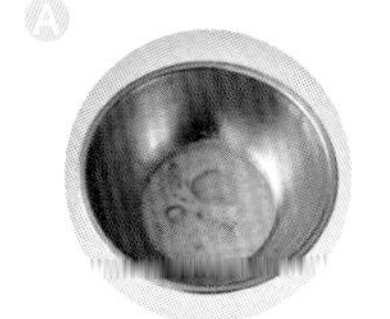

全蛋90g

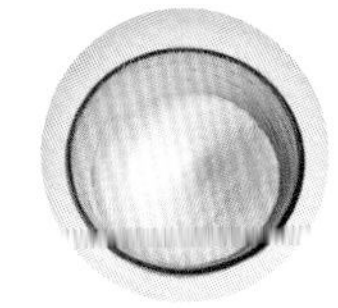

糖60g

C

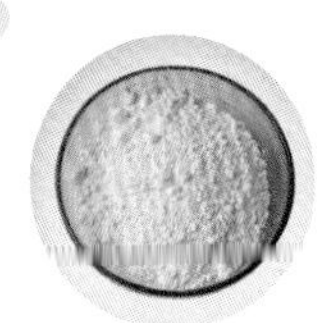

低筋面粉60g

B

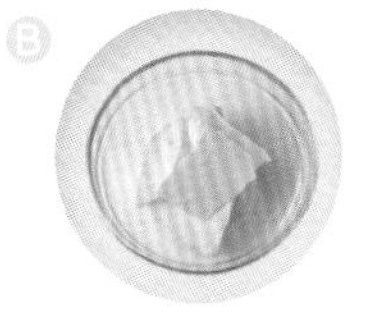

黄油40g

原味优格20g

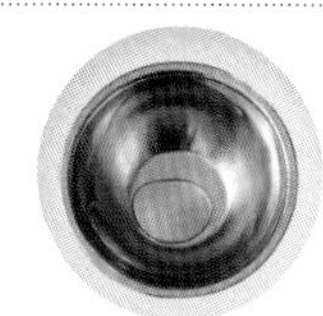

果糖8g

D

柠檬汁18g

E

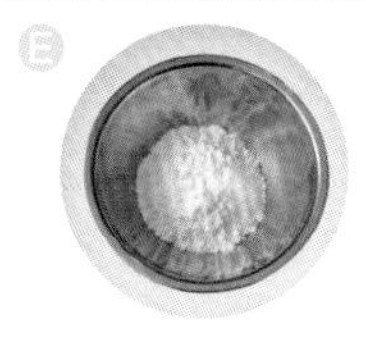

糖粉 100g

F

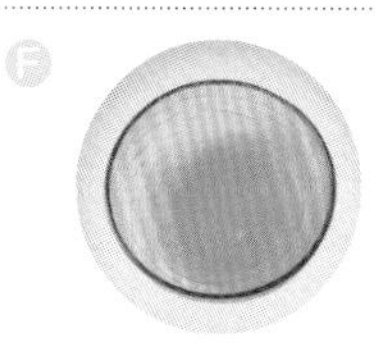

柠檬汁 25g

G

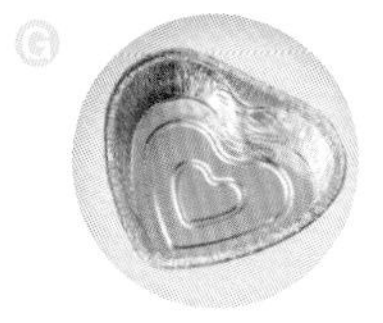

6英寸爱心铝模

做法

1 柠檬蛋糕制作：依次将材料A（全蛋、糖）倒入。

2 用电动打蛋机快速搅打。

3 打发变成浓稠状的面糊，打蛋机拉起时纹路深邃。

4 将材料B（黄油、果糖、原味优格）放入盆中。

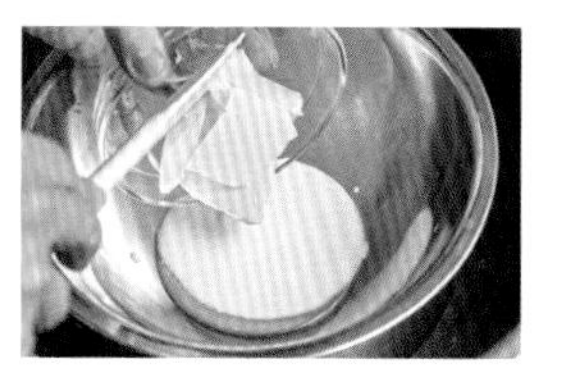

5 以隔水加热方式搅拌均匀到糖熔化即可。

6 取出部分做法3面糊拌入做法5中。

7 拌匀后再倒回剩下的做法3面糊中。

8 轻轻拌匀。

9 加入材料C（低筋面粉）过筛拌匀。

10 加入材料D（柠檬汁）拌匀。

11 倒入模中。

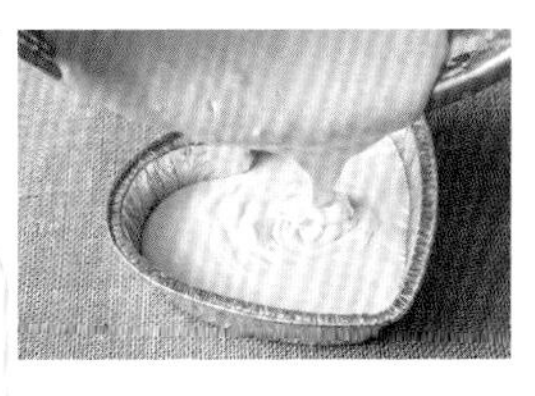

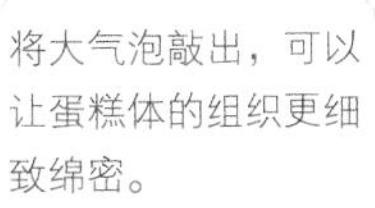

将大气泡敲出，可以让蛋糕体的组织更细致绵密。

12 将模型轻敲几下，将较大的气泡敲出。放入烤箱，上火170℃、下火160℃，烘烤20~25分钟。

13 表面装饰：将材料E（糖粉）加入材料F（柠檬汁）中。

14 搅拌均匀。

15 将拌好的柠檬糖霜淋在蛋糕上。

16 最后撒上一些柠檬皮颗粒或其他个人喜好的装饰即可。

蛋糕吐司

提示

最佳食用期，室温1天，冷藏3天。
烘烤预热温度，上火170℃、下火170℃，烘烤时间30~35分钟。

材料、器具

吐司

A

- 高筋面粉 115g
- 糖 20g
- 盐 1/8 匙
- 奶粉 1/2 匙

B

- 全蛋 15g

C

- 酵母 1/2 匙
- 水 55mL

D

- 黄油 10g

蛋糕

E

- 蛋黄 2 颗
- 糖 15g

F

- 沙拉油 18g

G

- 水 18mL

H

- 低筋面粉 33g
- 玉米粉 1 茶匙
- 泡打粉 1/8 匙
- 可可粉 1 大匙
- 苏打粉（微量）

I

- 蛋白 2 颗

J

- 糖 25g

器具

K

- 吐司模具

成品分量：1 条

A

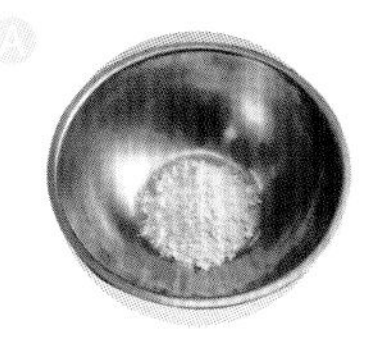
高筋面粉115g

糖20g

C

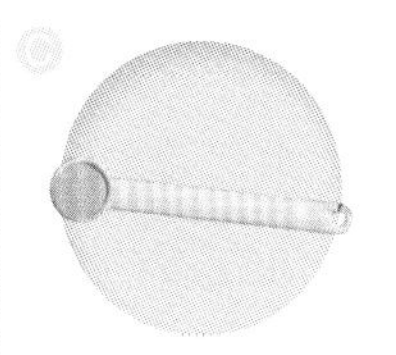
酵母1/2匙

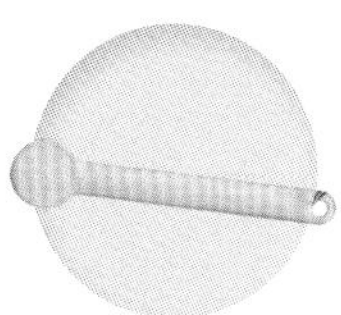
盐1/8匙

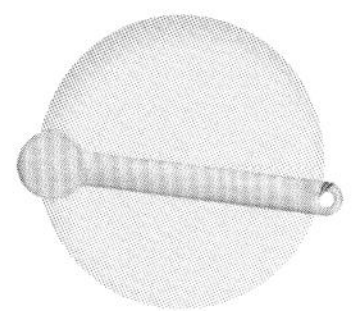
奶粉1/2匙

水55mL

B

全蛋15g

E

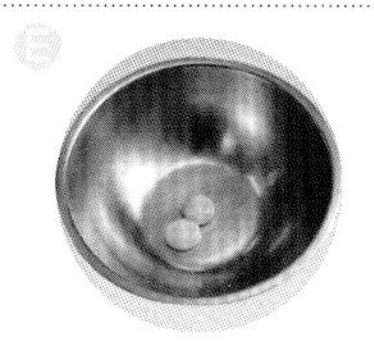
蛋黄2颗

糖15g

D

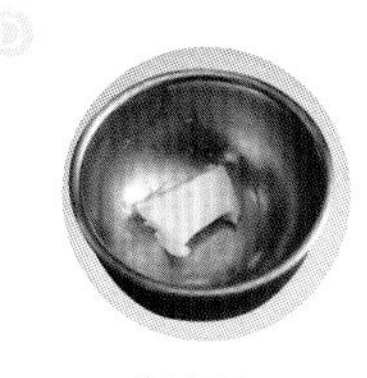
黄油10g

F

沙拉油18g

G

水18mL

H

低筋面粉33g

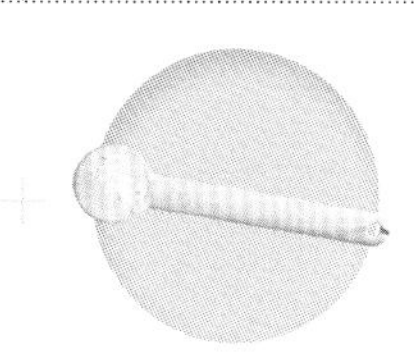
玉米粉1茶匙

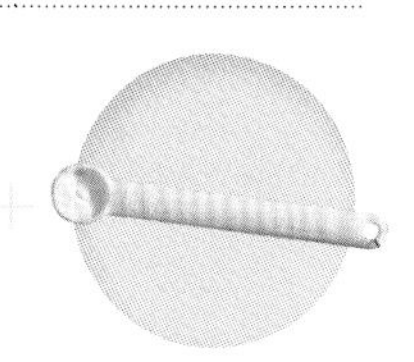
泡打粉1/8匙

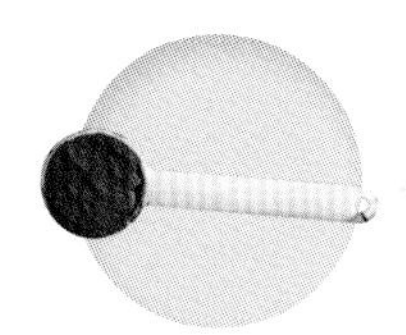
可可粉1大匙

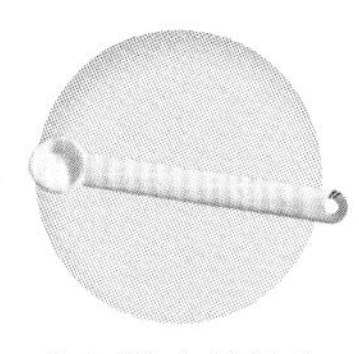
苏打粉（微量）

I

蛋白2颗

J

糖25g

K

吐司模具

做法

1 吐司制作：依次放入材料A（高筋面粉、糖、盐、奶粉），再加入材料B（全蛋）。

4 将发酵好的面团分割成3等份，每个65g。

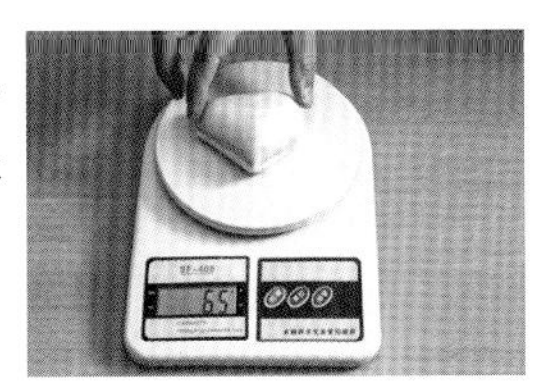

2 再加入材料C（酵母、水）和材料D（黄油）。

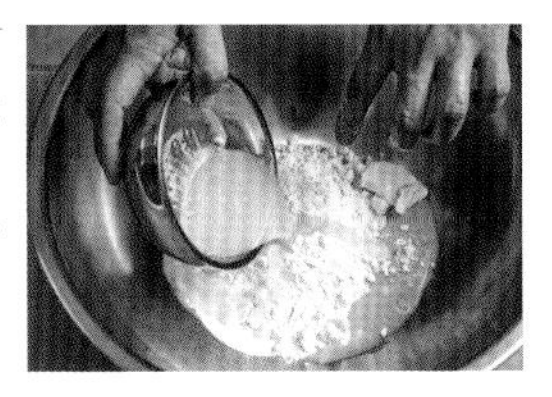

5 滚圆。

3 揉到出筋后发酵50分钟。

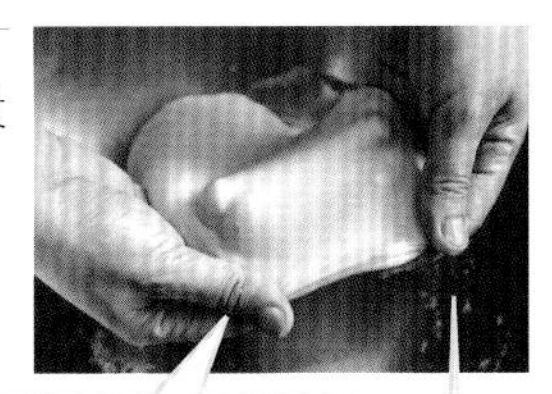

出筋的判断

如可以拉出一层像丝袜般的薄膜，就表示已经出筋。

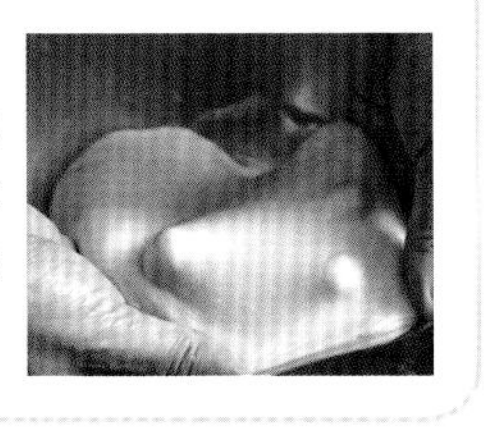

6 放入模中发酵15~20分钟，准备蛋糕体材料。

发酵的判断

手指沾面粉。

在中心位置往下压。

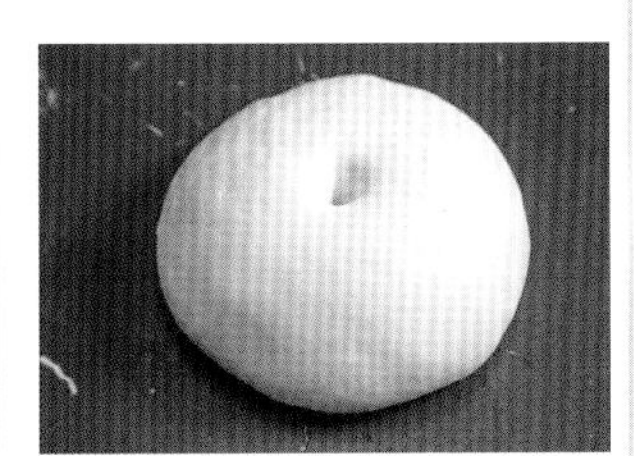

面团如果没有回缩，即基本发酵完成。

7 蛋糕制作：将材料E（蛋黄、糖）打成乳沫状。

8 分次倒入材料F（沙拉油）拌匀。

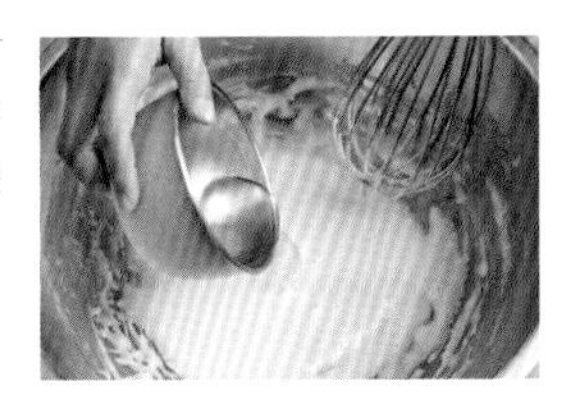

9 加入材料G（水）拌匀。

10 加入材料H（低筋面粉、玉米粉、泡打粉、可可粉、苏打粉）过筛拌匀。

11 面粉全部拌匀备用。

12 将材料I（蛋白）用电动打蛋器打到出泡。

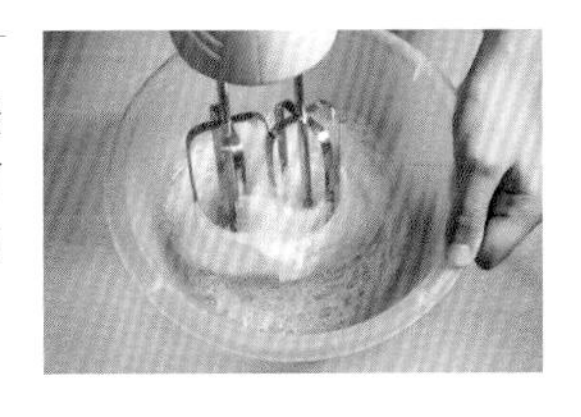

13 加入材料J（糖）。

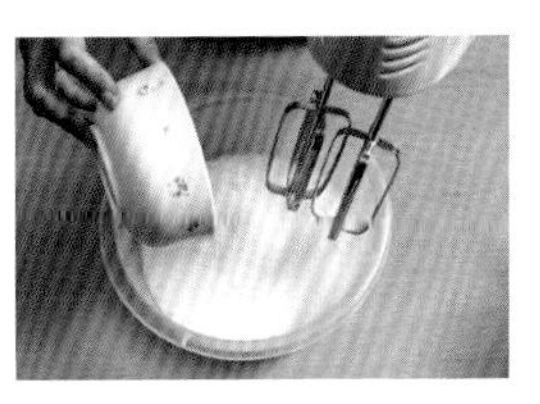

14 打到硬性发泡。

所谓硬性发泡即蛋白霜打到纹路深邃，拉起时尖端呈坚挺状。

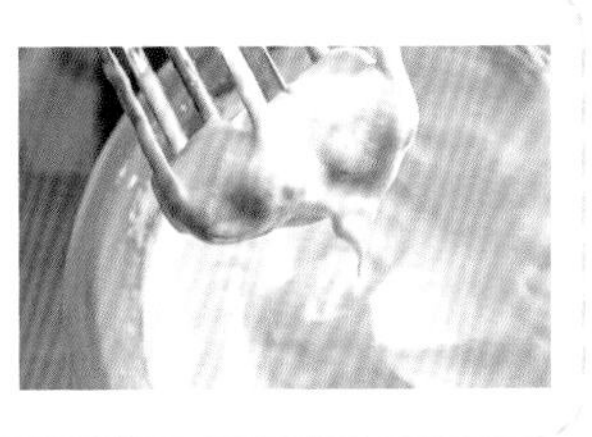

15 取1/3蛋白霜拌到做法9的面糊里搅拌均匀，最后再把全部的蛋白霜倒入拌匀。

16 将拌匀的蛋糕体面糊倒入发酵好的面团中，放入烤箱。上火170℃、下火170℃，烘烤30~35分钟。

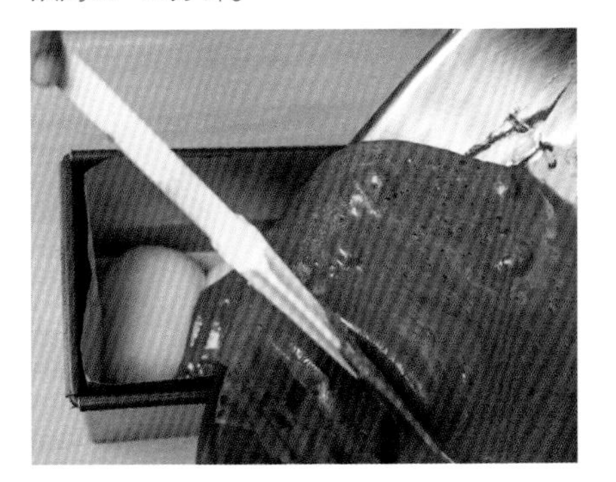

14

蛋糕类

戚风蛋糕

提示

最佳食用期，室温3天，冷藏7天。

烤箱预热温度，上火160℃、下火160℃，烘烤时间35~45分钟。

材料、器具

戚风蛋糕

A
- 蛋黄 3 颗
- 糖 30g

B
- 沙拉油 40g

C
- 鲜奶 50g

D
- 低筋面粉 70g
- 泡打粉 1/2 匙

E
- 蛋白 100g

F
- 柠檬汁 1/4 匙

G
- 糖 40g

器具

H
- 戚风蛋糕纸模

成品分量：8 英寸 1 个

A

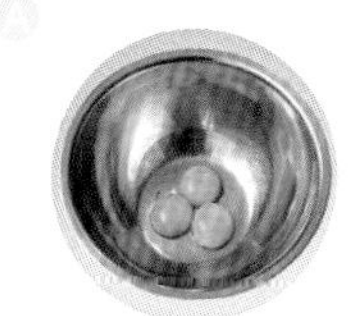
蛋黄3颗

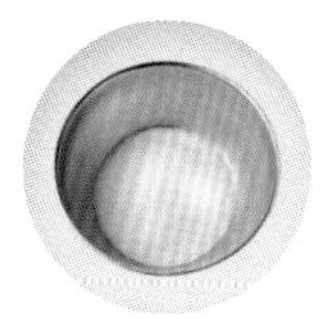
糖30g

B

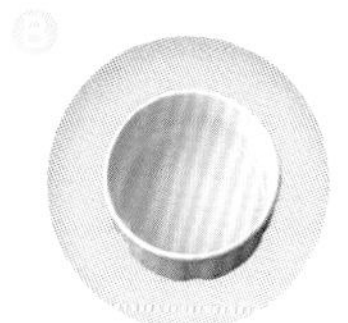
沙拉油40g

C

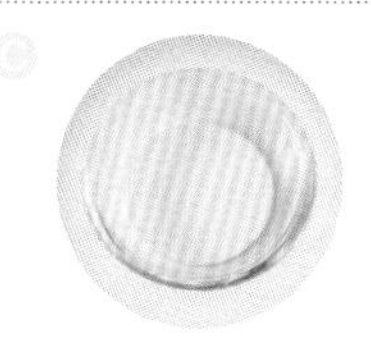
鲜奶50g

D

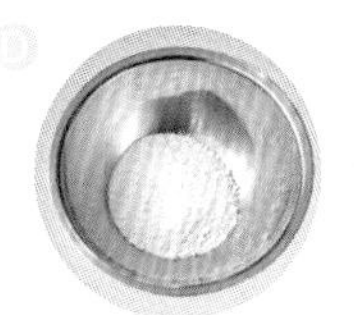
低筋面粉70g

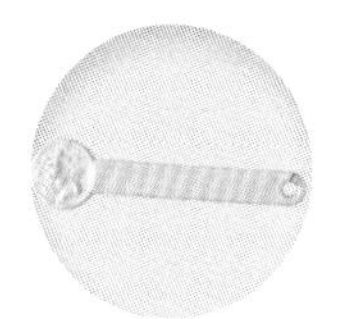
泡打粉1/2匙

E

蛋白100g

F

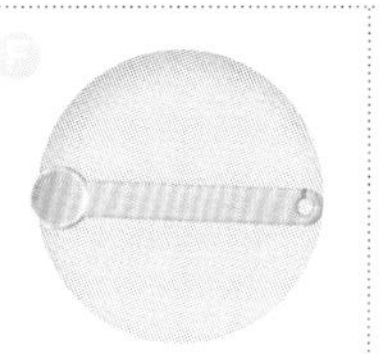
柠檬汁1/4匙

G

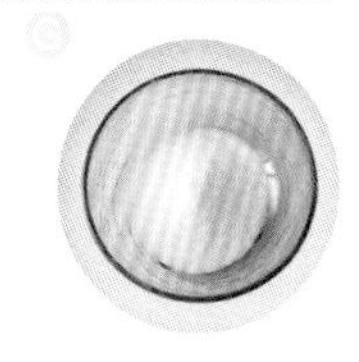
糖40g

H

戚风蛋糕纸模

做法

1 将材料A（蛋黄、糖）倒入盆中。

2 用打蛋器打成乳白色浓稠状。

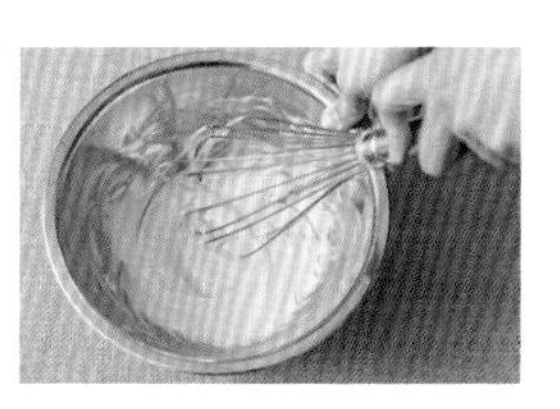

3 加入材料B（沙拉油）拌匀。

4 加入材料C（鲜奶）拌匀。

5 加入材料D（低筋面粉、泡打粉）过筛拌至均匀。

6 蛋白霜制作：将材料F（柠檬汁）加入材料E（蛋白）中。

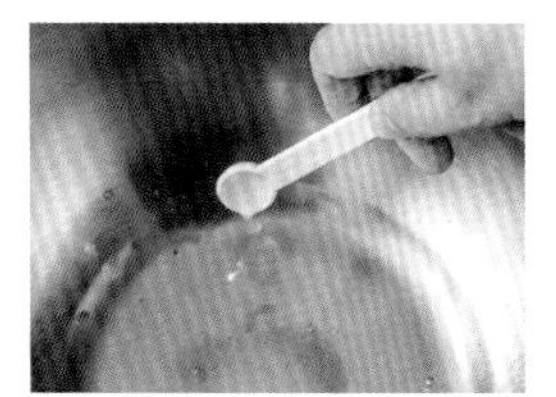

7 用电动打蛋机以中速搅打。

8 打到泡沫变小变细。

9 分3次加入材料G（糖）。

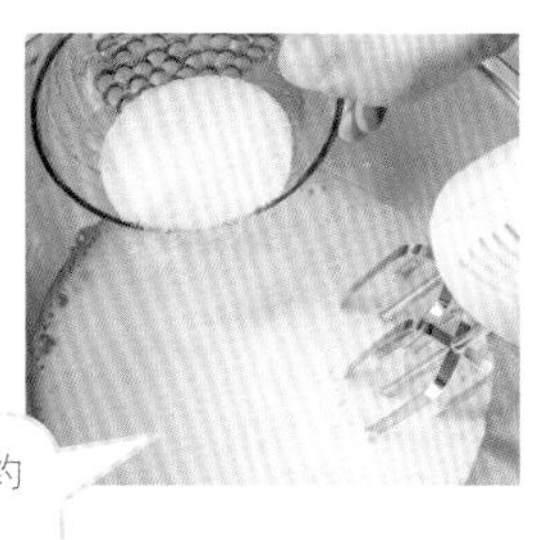

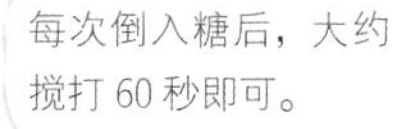

每次倒入糖后，大约搅打60秒即可。

10 糖全部加入后将蛋白搅打成硬性发泡。

所谓硬性发泡，即蛋白霜打到纹路深邃，拉起后坚挺不动。

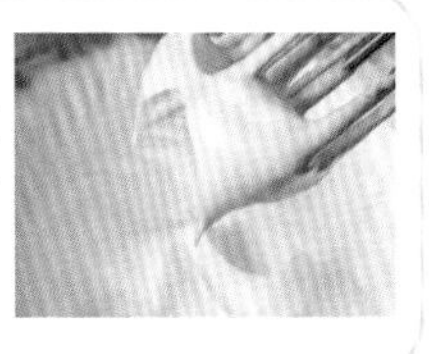

11 将打好的蛋白霜取出1/3加入做法5的面糊中。

若不想蛋糕的蛋腥味太重，可以在面糊中加入一些香草精或是香草豆荚酱。

12 拌匀。

13 再把拌匀的面糊倒入剩下的2/3蛋白霜内。

14 同方向快速拌匀。

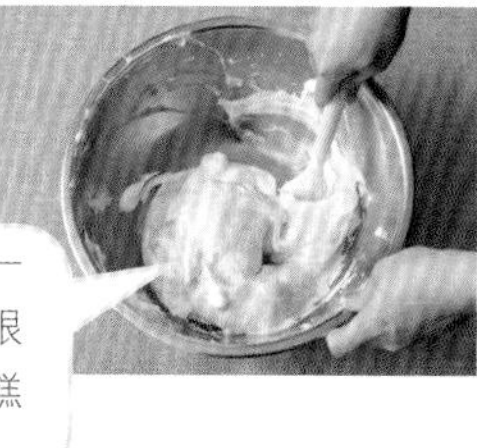

在拌匀的过程中，动作一定要轻而且快速，否则很容易拌到消泡，而让蛋糕体变得扎实。

15 倒入模型中。

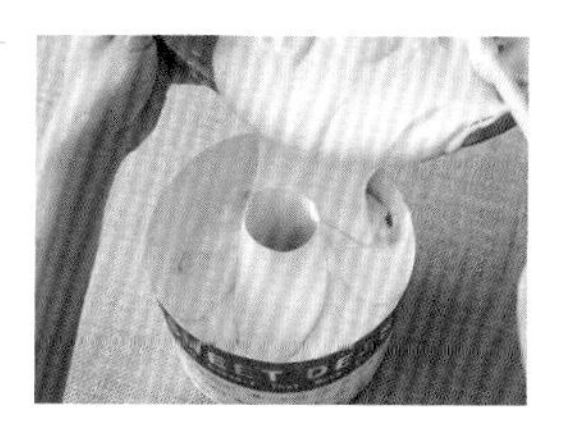

16 放入烤箱前先轻敲几下，将倒入面糊时的大气泡敲掉，可以让蛋糕更绵密。入烤箱35~45分钟，温度上火160℃、下火160℃，烘烤至金黄色即可。

红豆天使蛋糕

提示

最佳食用期，室温3天，冷藏14天。

烤箱预热温度，上火180℃、下火160℃，烘烤15分钟后，下火调至0℃续烤20~25分钟。

材料、器具

红豆天使蛋糕

A
- 蛋白 260g
- 柠檬汁 1/2 匙

B
- 糖 140g
- 盐 1/4 匙

C
- 低筋面粉 95g

D
- 蜜红豆粒适量

器具

E
- 天使蛋糕模型

成品分量：1 个

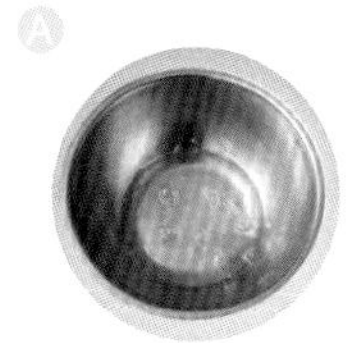
蛋白260g

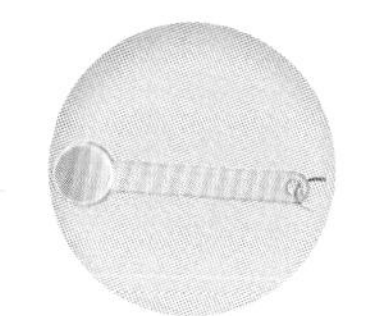
柠檬汁1/2匙

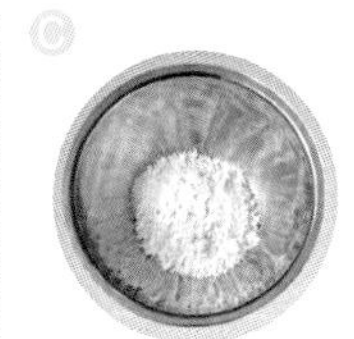
低筋面粉95g

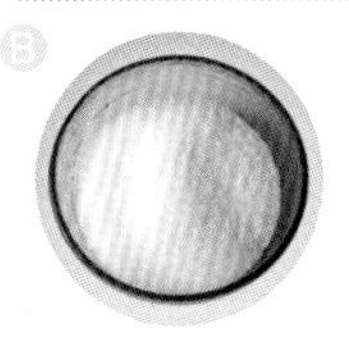
糖140g

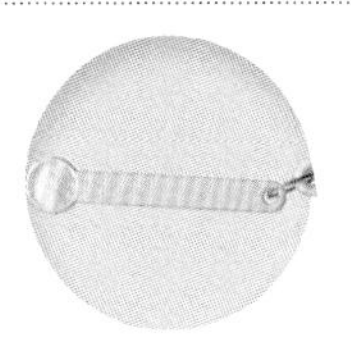
盐1/4匙

蜜红豆粒适量

天使蛋糕模型

做法

1 将材料A（蛋白、柠檬汁）加入材料B（糖、盐）。

2 用电动打蛋器以低速搅打。

3 搅打到蛋白呈乳霜状湿性发泡。

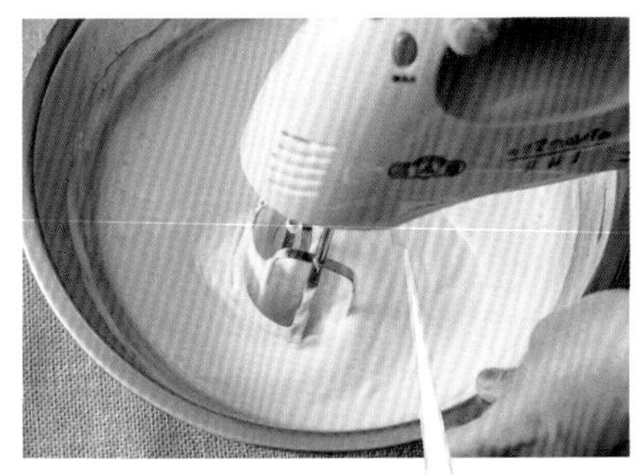

所谓的湿性发泡，即打到蛋白霜有点儿纹路产生，拉起时还有流动的感觉即可。

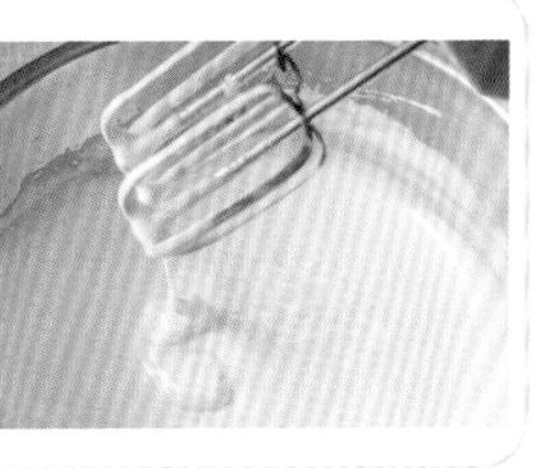

4

将材料C（低筋面粉）过筛。

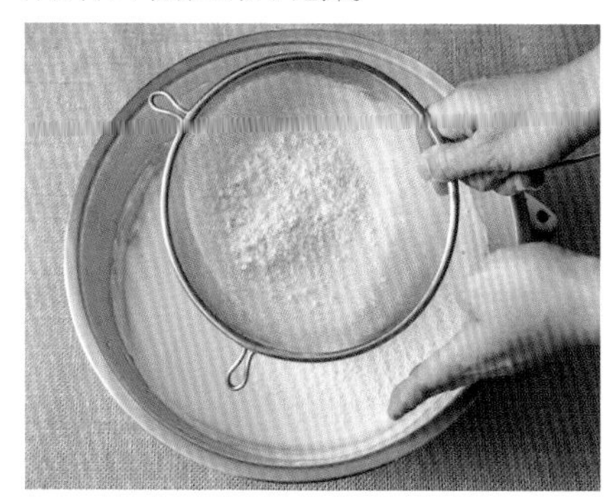

5

用长柄刮刀搅拌均匀至看不到面粉。

6

在天使蛋糕模中，平均铺放材料D（蜜红豆粒）。

7

将搅拌好的做法5面糊倒入模中。

8

将面糊在模型中均匀铺平。

9

轻敲模型，让气泡排出后即可放入烤箱。

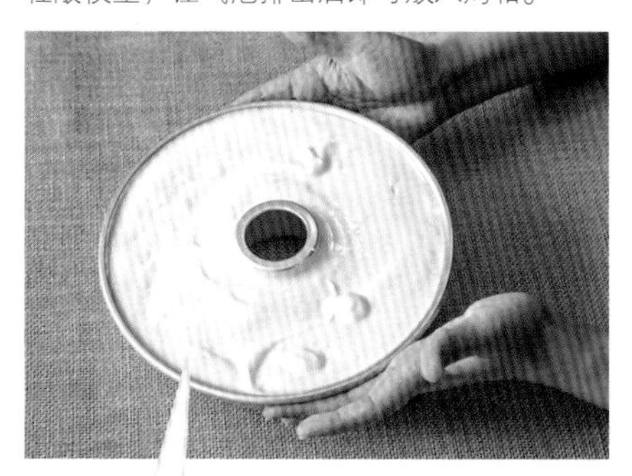

1 敲模型的目的是为了让里面的大气泡孔洞排出，让蛋糕体的组织更细致绵密好吃。

2 烤箱温度上火180℃，下火160℃烤15分钟后，下火调至0℃续烤20~25分钟即可。刚烤好的蛋糕，出炉后将模型倒扣在网架上约5分钟。

10 脱模。

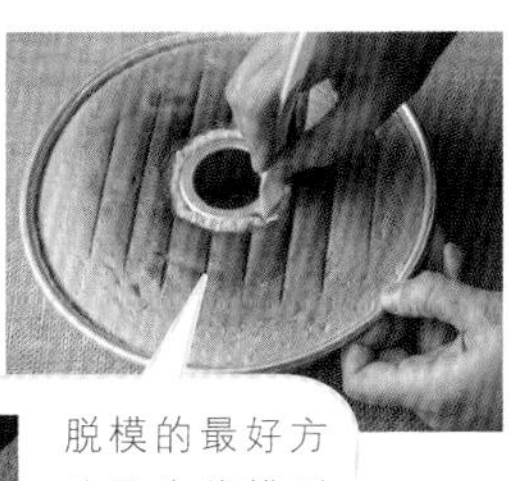

脱模的最好方法是先将模型外圈用软刀片沿着弧度往内挑。

11 最后再倒扣出蛋糕即可。

12 美味可口的红豆天使蛋糕冷藏后更好吃。

由于此蛋糕的糖量较多，很容易回潮，所以蛋糕体本身会变得湿黏是正常现象。

16

蛋糕类

蜂蜜蛋糕

提示

最佳食用期，室温2天，冷藏7天。

烤箱预热温度，上火170℃、下火150℃，烘烤时间20~25分钟。

材料、器具

蜂蜜蛋糕

A
- 蛋黄 60g
- 糖 15g

B
- 沙拉油 10g

C
- 水 10mL
- 蜂蜜 30g

D
- 中筋面粉 60g

E
- 蛋白 75g

F
- 糖 40g

表面花纹装饰

G
- 蛋黄 1 颗

器具

H
- 小型长方铝模

成品份量：2~3 条

A

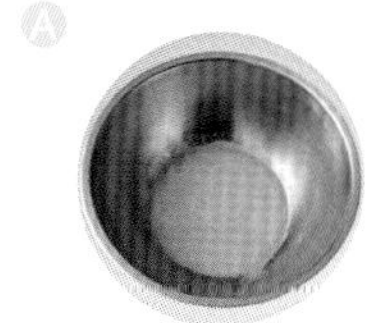
蛋黄60g

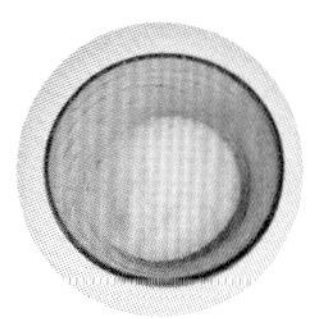
糖15g

B

沙拉油10g

C

水10mL

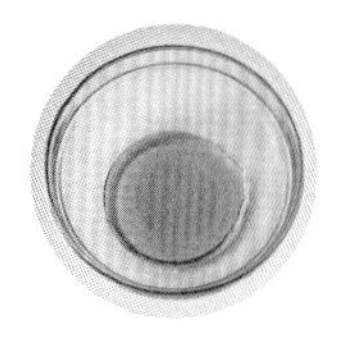
蜂蜜30g

D

中筋面粉60g

E

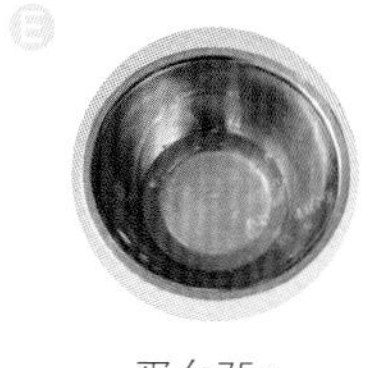
蛋白75g

F

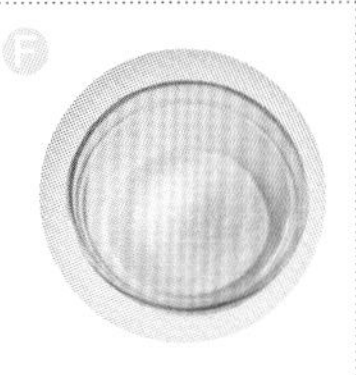
糖40g

G

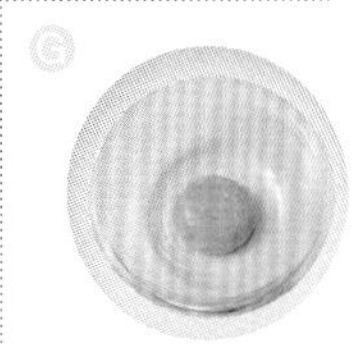
蛋黄1颗

H

小型长方铝模

做法

1 先将模型底部铺纸。

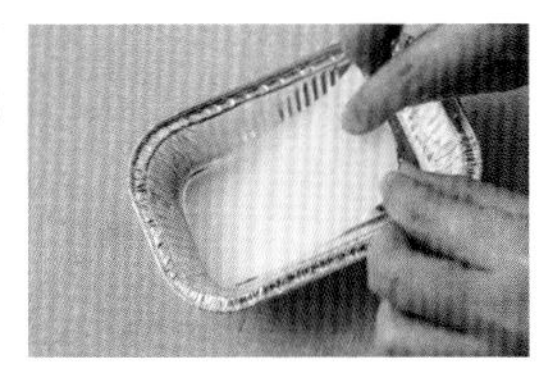

2 将材料A（蛋黄、糖）搅打。

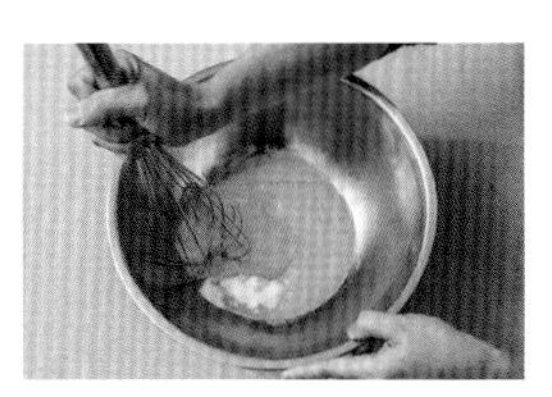

3 打至乳白色浓稠状。

4 加入材料B（沙拉油）拌匀。

5 加入一半的材料D（中筋面粉）拌匀，做成蛋黄面糊。

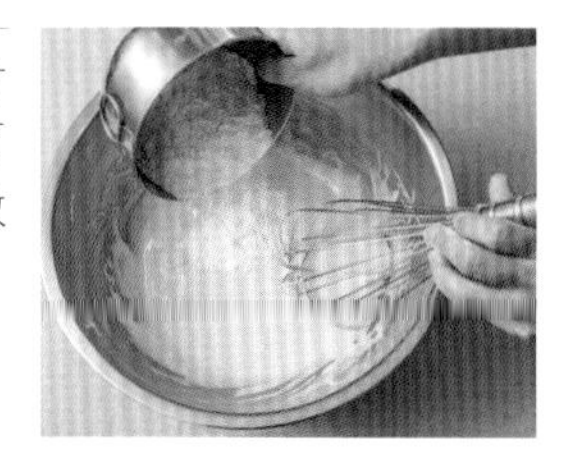

6 将材料C（水、蜂蜜）拌成蜂蜜水备用。

7 将材料E（蛋白）打到起泡沫。

8 分两次加入材料F（糖）。

9 打到硬性发泡。

所谓硬性发泡，即蛋白霜打到纹路深邃，拉起后坚挺不动。

10 取出1/4的蛋白霜，与做法5的蛋黄面糊拌匀。

11 将剩余3/4的蛋白霜倒入拌匀。

12 再加入剩下的材料D（中筋面粉）拌匀成面糊。

13 取出1/4做法12的面糊，加入材料C中拌匀。

14 拌匀后再倒入剩下的面糊中。

15 搅拌均匀后。

16 倒入模中。

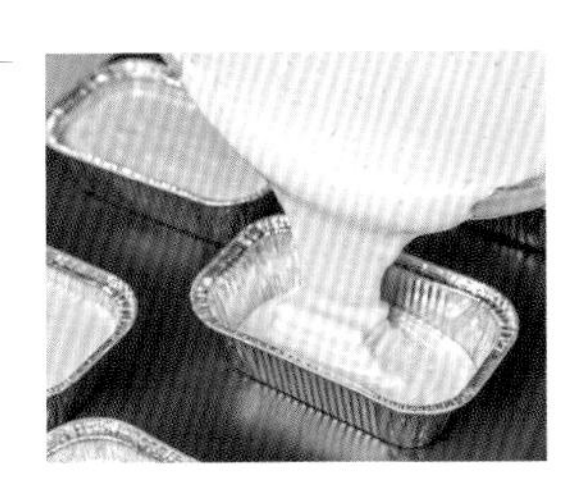

17 入烤前先将装满面糊的烤模轻敲2~3下。

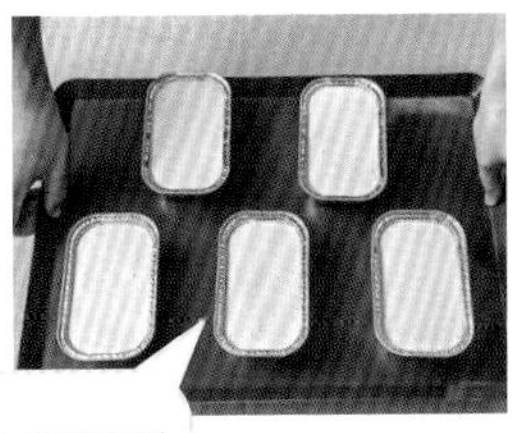

轻敲的目的是为了让蛋糕里的大气泡消掉，使蛋糕体更绵密，但也不能敲太多下，消泡太多，反而会导致蛋糕变扎实。

18 将蛋黄装入挤花袋，在面糊上挤出线条。

19 用细长棒画出花纹线条。放入烤箱，上火170℃、下火150℃，烤20~25分钟。

若在烘烤中蛋糕表面已经上色，可将上火调低10~20℃，或在表面上覆盖铝箔纸，再继续烤到熟即可。

Bread

第三章　面包

17 面包类

牛角面包

提示

最佳食用期，室温密封保存3天，冷藏7天。
烤箱预热温度，上火190℃、下火160℃，烘烤时间25分钟。

材料

牛角面包

A

- 高筋面粉 50g
- 糖 5g
- 盐 1/8 匙

B

- 酵母 1/2 匙
- 水 30mL

C

- 黄油 5g

D

- 低筋面粉 65g
- 糖粉 20g
- 奶粉 15g

E

- 黄油 20g

F

- 蛋液 15g

表面装饰

G

- 蛋液适量

H

- 熔化黄油适量

I

- 芝麻适量

成品分量：5 块

A

高筋面粉50g

糖5g

盐1/8匙

B

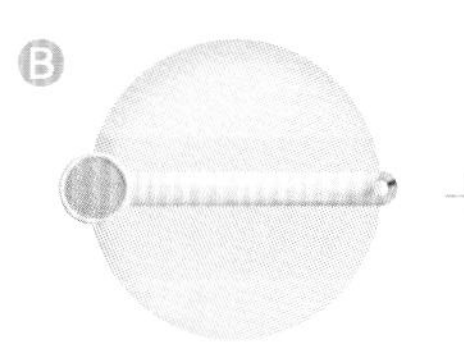

酵母1/2匙

水30mL

C

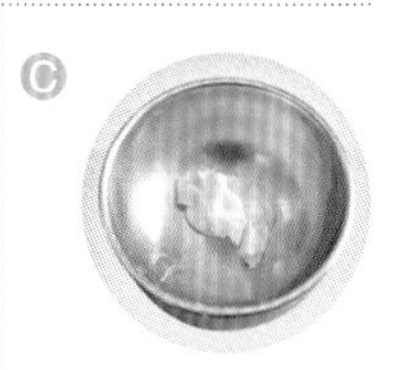

黄油5g

D

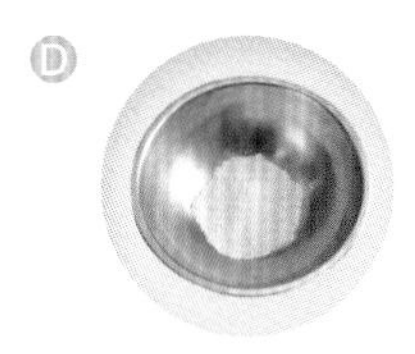

低筋面粉65g

糖粉20g

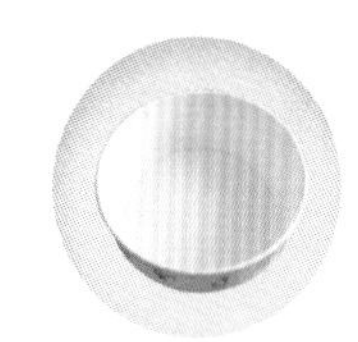

奶粉15g

E

黄油20g

F

蛋液15g

G

蛋液适量

H

熔化黄油适量

I

芝麻适量

做法

1 先将材料B（酵母、水）溶在一起。

2 将材料C（黄油）倒入材料A（高筋面粉、糖、盐）中。

3 再将做法1倒入。

4 将所有材料揉成团。

5 揉到面团光滑即可，发酵1~2小时，即为中种面团。

6 将中种面团加入材料D（低筋面粉）中。

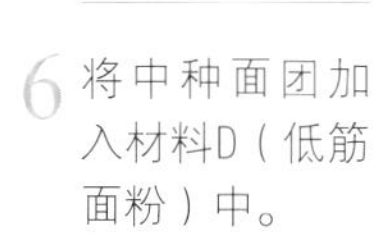

7 加入材料D（糖粉）。

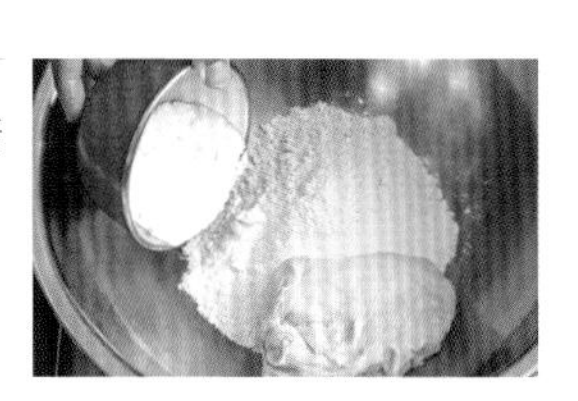

8 加入材料D（奶粉）。

9 再分别加入材料E（黄油）、材料F（蛋液）。

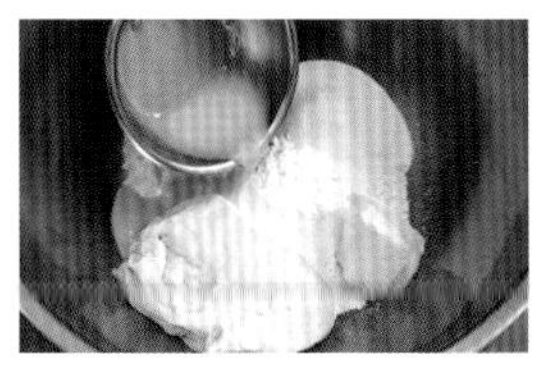

10 全部揉成团。

因为每个品牌的面粉吸水度不同，所以若揉面团时太干，可酌量加一点儿水。

11 将面团揉至出筋，即可以拉出一层薄膜，再发酵40分钟。

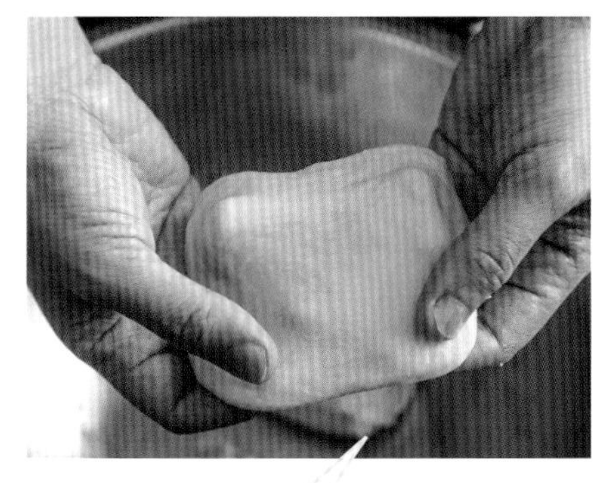

所谓的出筋，即将面团揉至光滑后，轻轻拉扯，会有一层像丝袜一样的薄膜。

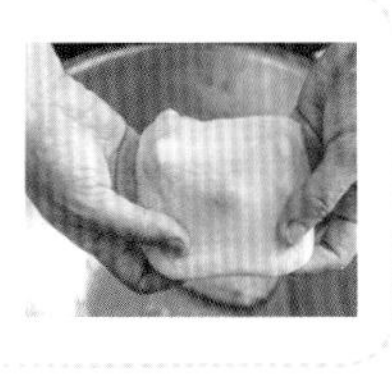

12 分割，每个55g。

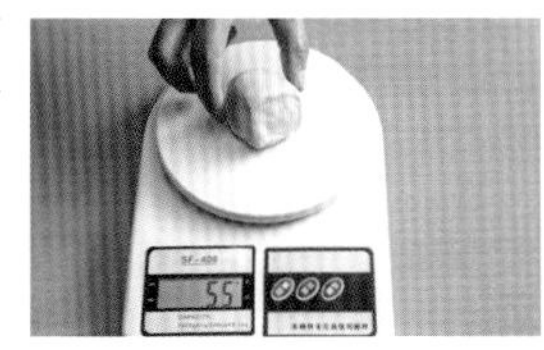

13 滚圆后再松弛5~10分钟。

放在外面松弛，在面团上喷洒一些水，但不要直对着面团喷，要有点儿距离。

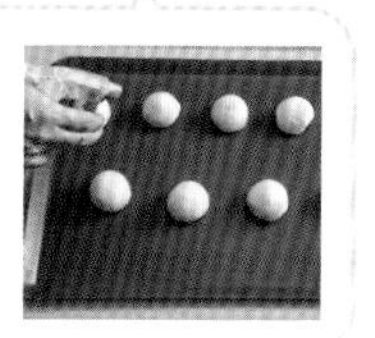

滚圆的底部若有小洞，再把它捏紧即可。

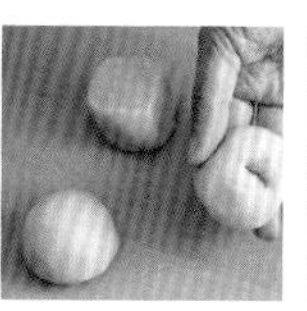

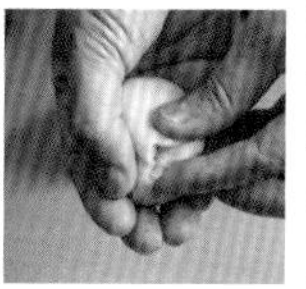

14 整成水滴状，长5~6cm，松弛5~10分钟。

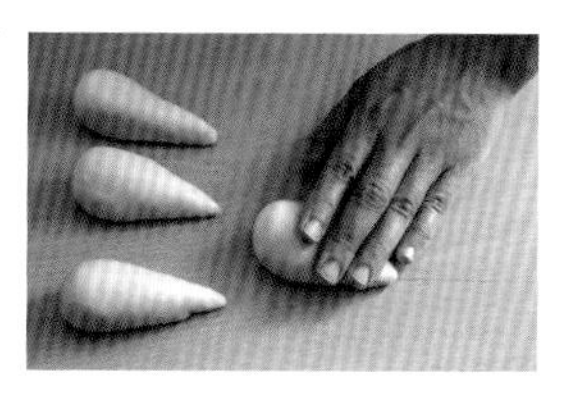

15 将水滴头先用手压扁擀平。

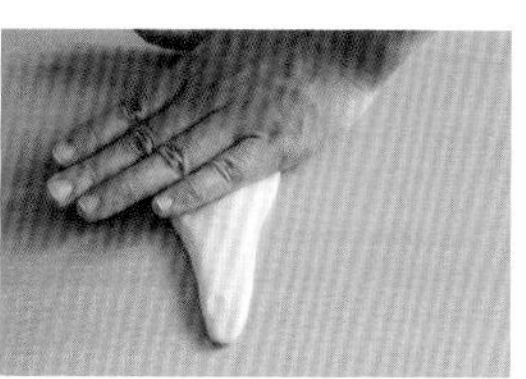

16 在圆头中间切一条2~3cm长的口子。

17 卷起呈牛角形状。

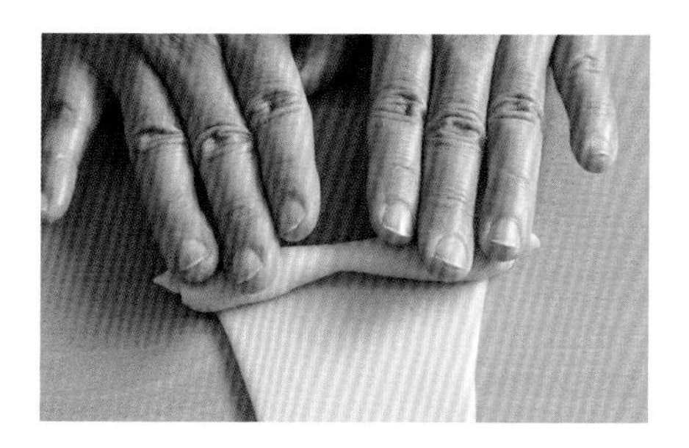

18 最后将两个角捏紧，发酵30~50分钟。

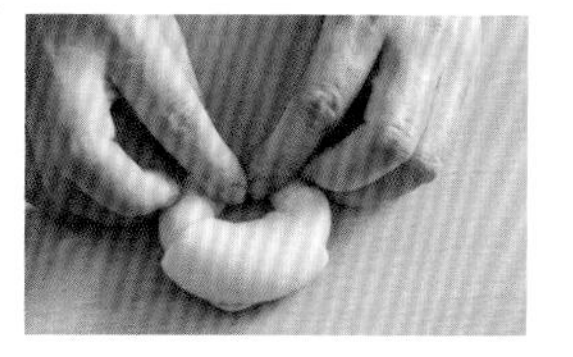

19 刷蛋黄液。

20 撒芝麻，放入烤箱，10分钟后取出。

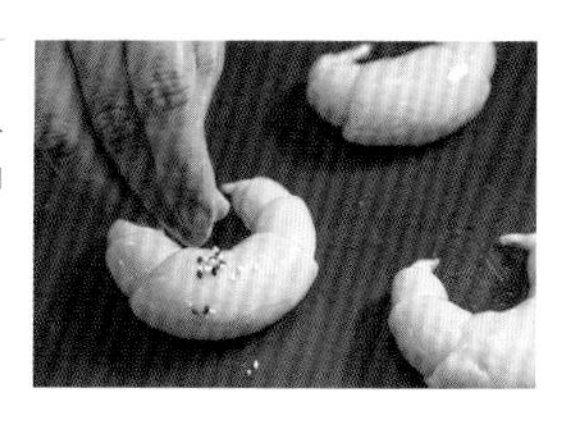

21 刷上一层熔化黄油，再放入烤至熟即可。

也可以用熔化酥油，会更有奶酥风味。

18

面包类

乳酪贝果

提示

最佳食用期，室温密封保存2天，冷藏5天。

烤箱预热温度，上火180℃、下火160℃，烘烤时间20~25分钟。

材料

A
- 高筋面粉 200g
- 低筋面粉 25g
- 糖 35g
- 盐 1/8 匙

B
- 水 110mL
- 酵母 1 茶匙

C
- 奶酪片 6 片
- 奶酪丝 60g

成品分量：6 个

A

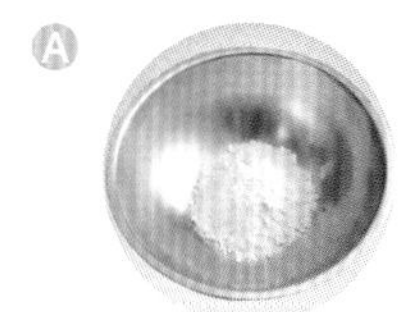
高筋面粉200g

+

低筋面粉25g

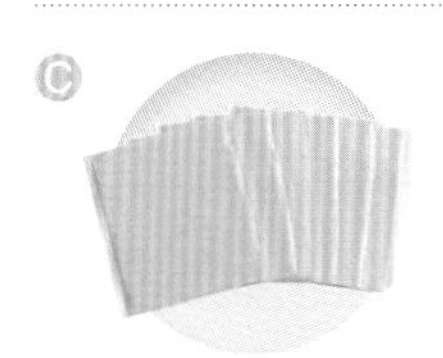
糖35g

+

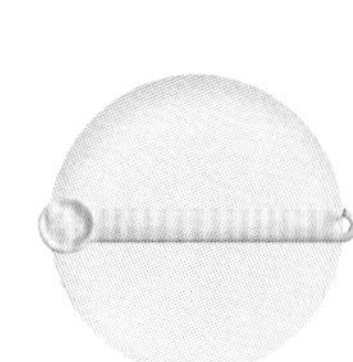
盐1/8匙

B

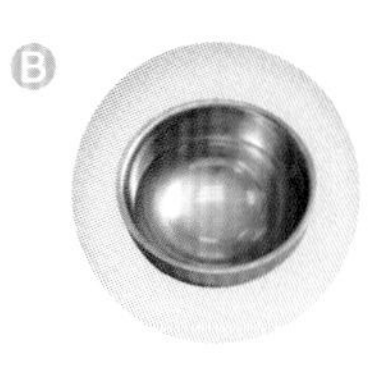
水110mL

+

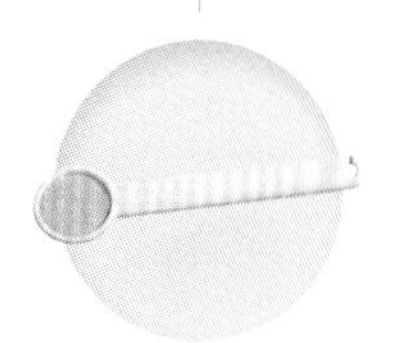
酵母1茶匙

C

奶酪片6片

+

奶酪丝60g

做法

1 先将材料B（酵母、水）混合溶解。

2 将材料A（高筋面粉、低筋面粉、糖、盐）依次加入。

3 加入做法1。

4 拌抓成团。

5 成团后揉到光滑，发酵20~30分钟。

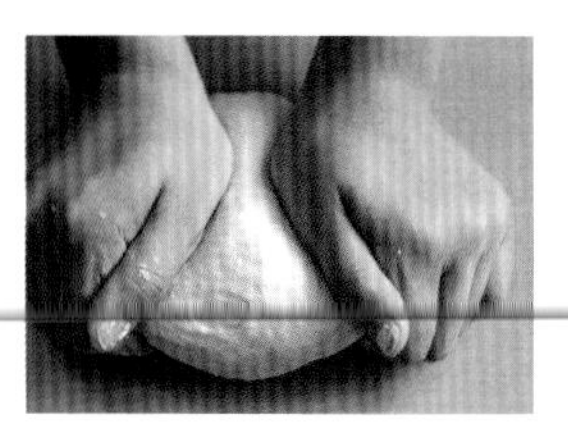

6 分割，每个约60g滚圆，松弛10~15分钟。

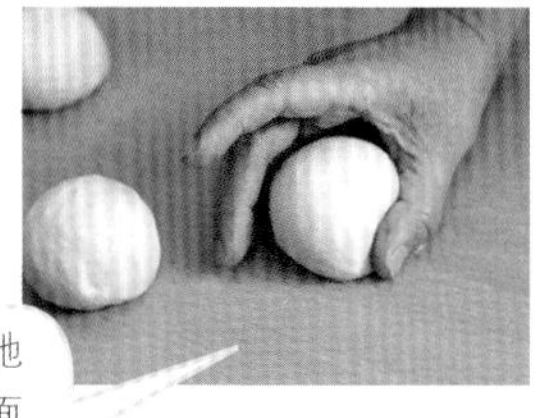

滚圆后，在松弛期间，面团表面要喷水，避免面团表面干燥。

7 将面团擀成长条片。

擀压时的面团若有气泡，要把气泡擀掉。

8 将比较不好看的面朝上。

9 铺上奶酪片。

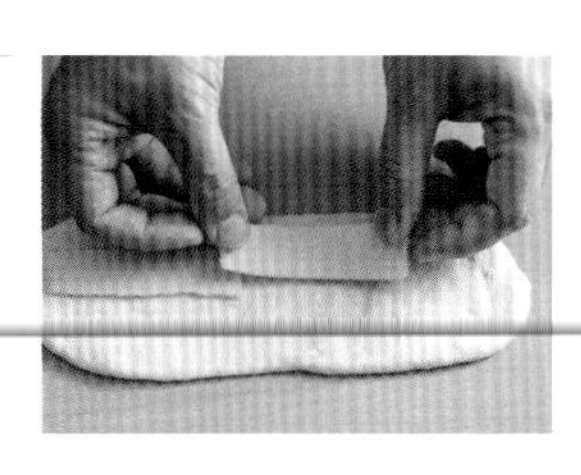

10 铺上奶酪丝。

11 包卷起来。

12 在边缘接口处，用擀面棍压扁。

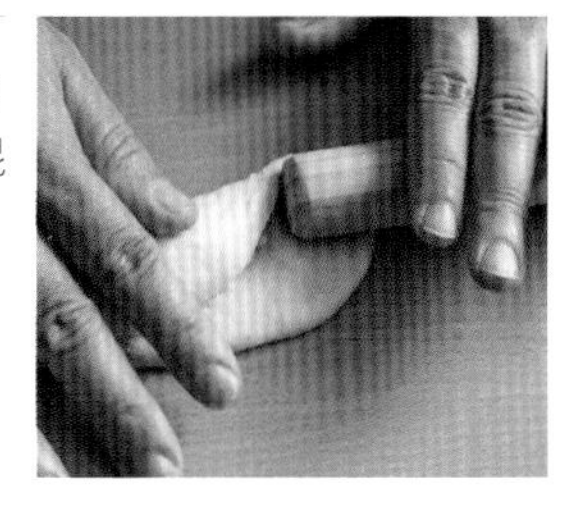

13 卷起呈圆圈状，将擀压接口与另一端粘在一起。

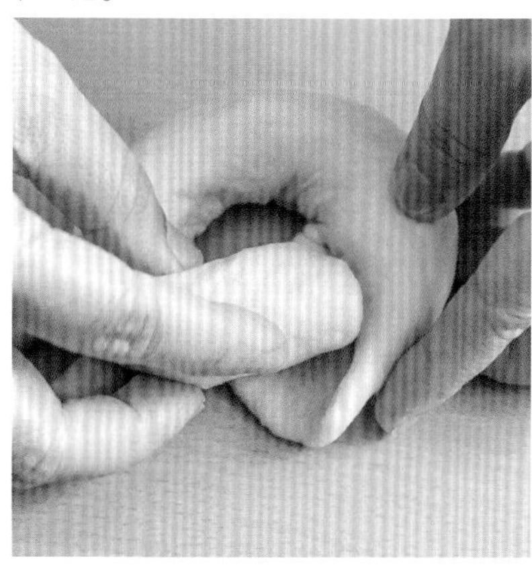

14 捏紧接口后再发酵30分钟。

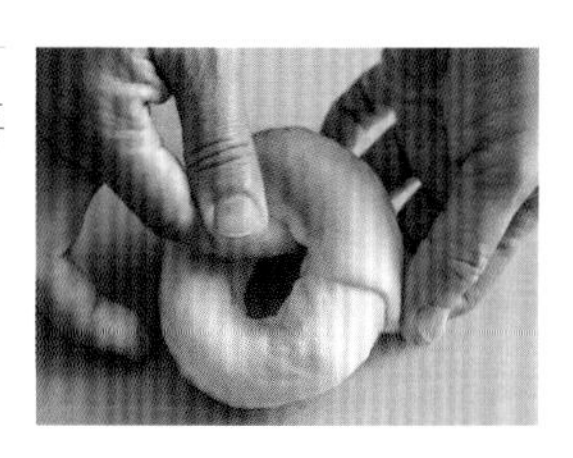

15 入滚水中氽烫。

16 夹起后放入烤盘烘烤。上火180℃、下火160℃，烘烤20~25分钟，呈金黄色即可。

如喜好奶酪味道浓郁，可再撒上帕玛森奶酪粉。

19 面包类

热狗面包卷

提示

最佳食用期，室温2天，冷藏5天。

烤箱预热温度，上火180℃、下火160℃，烘烤时间12~15分钟。

材料

热狗面包卷

A
- 高筋面粉 130g
- 低筋面粉 30g
- 奶粉 1 茶匙
- 糖 25g

B
- 蛋液 15g

C
- 水 100mL
- 酵母 1/4 匙

D
- 黄油 15g

E
- 小热狗 7 条

表面装饰

F
- 奶酪丝适量
- 番茄酱适量

成品分量：7 个

A

高筋面粉130g

低筋面粉30g

B

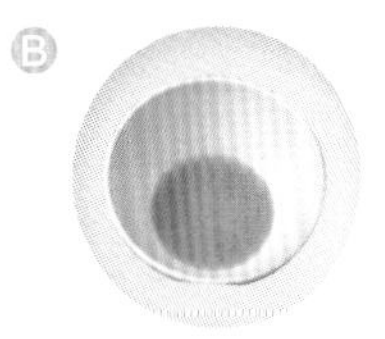
蛋液15g

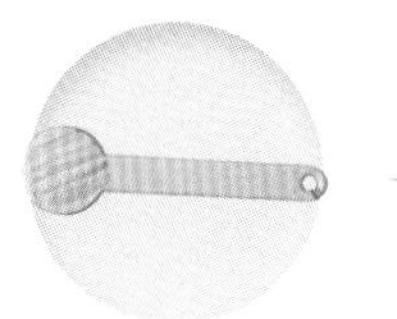
奶粉1茶匙

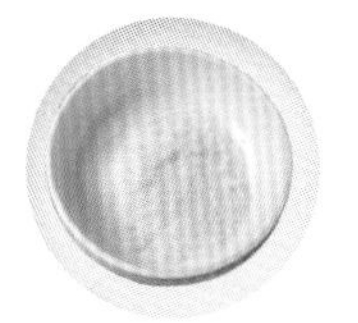
糖25g

D

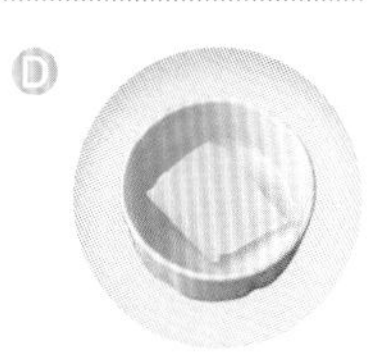
黄油15g

C

水100mL

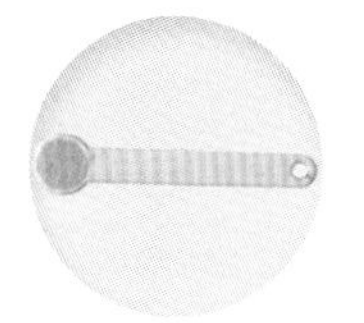
酵母1/4匙

E

小热狗7条

F

奶酪丝适量

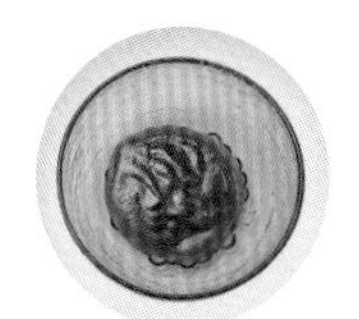
番茄酱适量

做法

1 将材料A（高筋面粉、低筋面粉、奶粉、糖）放入料理盆中。

2 加入材料B（蛋液）。

3 加入材料C（水、酵母）和材料D（黄油）。

4 揉成团。

5 揉到面团光滑出筋。

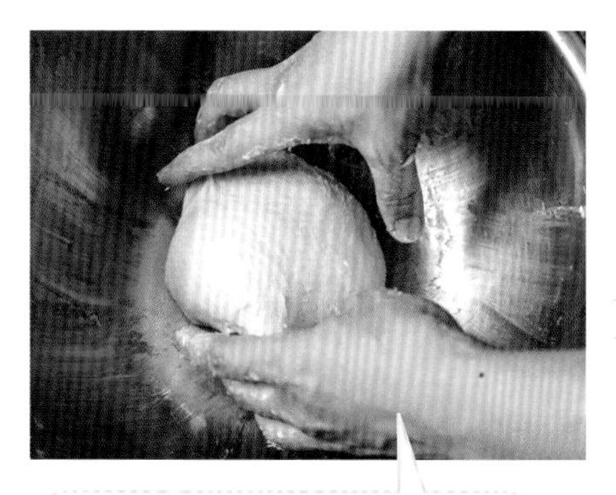

所谓的面团出筋，即将面团揉至光滑后，轻轻拉扯会有一层像丝袜一样的薄膜产生。

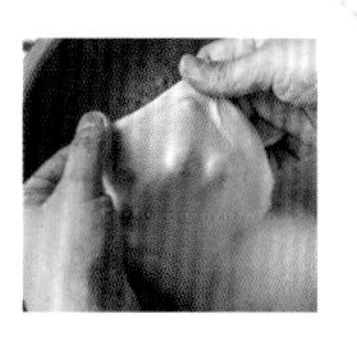

6 基本发酵约1小时。

7 分割面团每个45g。

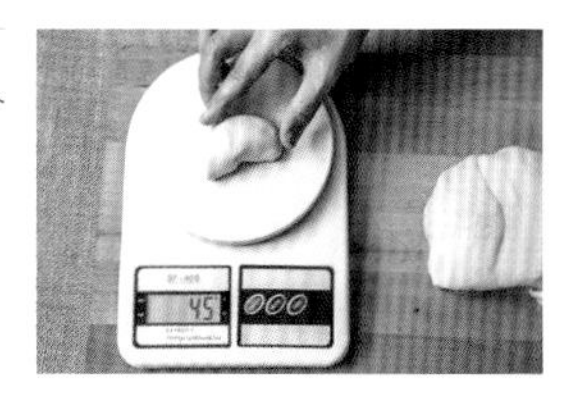

8 将分割好的面团滚圆后松弛5~10分钟。

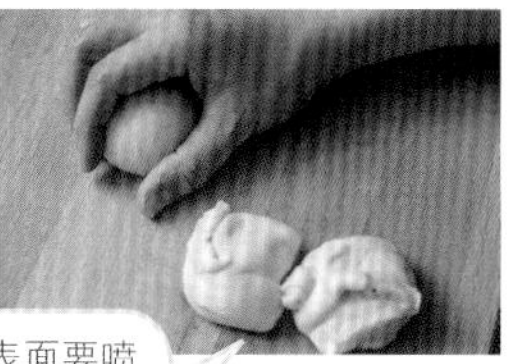

松弛中的面团，表面要喷洒一些水，或用东西覆盖，以免面团表面过干，不利整形操作。

9 将每个面团滚成水滴形。

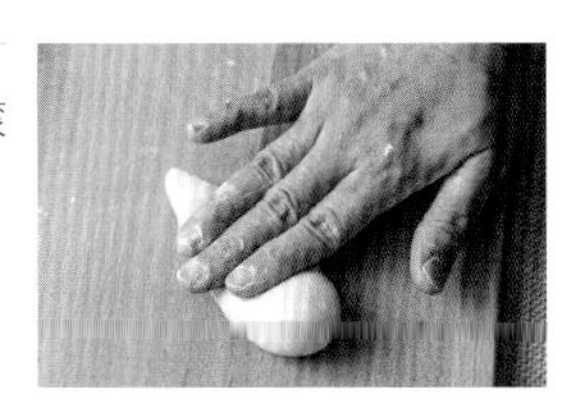

10 用擀面棍擀开。

11 将热狗放入卷起。

12 发酵至2倍大后，在表面挤上番茄酱。

13 铺上奶酪丝，放入烤箱，上火180℃、下火160℃，烘烤12~15分钟呈现金黄色即可。

最后奶酪丝上面还可以再撒上一些巴西里粉末或是海苔粉装饰更棒。

20
面包类

章鱼烧比萨

提示

最佳食用期，当天食用风味最佳。

烤箱预热温度，上火200℃、下火160℃，烘烤时间20~25分钟。

材料

A
- 高筋面粉 115g
- 奶粉 1 大匙
- 糖 10g
- 蛋液 15g

B
- 水 55mL
- 酵母 1/4 匙

C
- 黄油 15g

D
- 番茄酱适量

E
- 烧烤酱（BBQ）适量

F
- 洋葱 1/4 颗
- 热狗切片 3 条
- 小章鱼适量

G
- 奶酪丝适量

H
- 沙拉酱

I
- 柴鱼片适量

成品分量： 1片

A

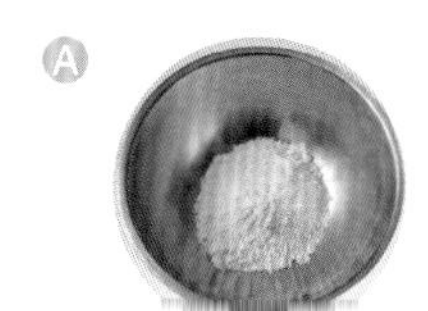
高筋面粉115g

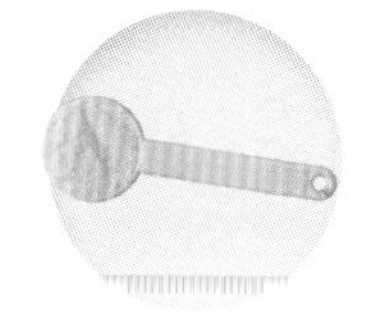
奶粉1大匙

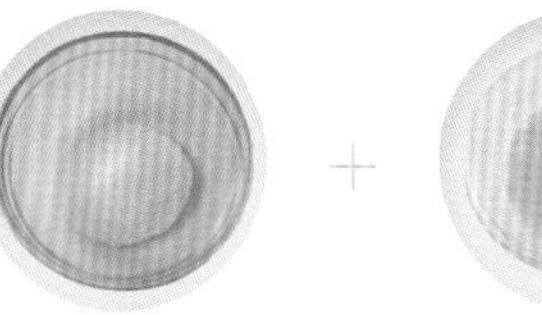
糖10g

蛋液15g

B

水55mL

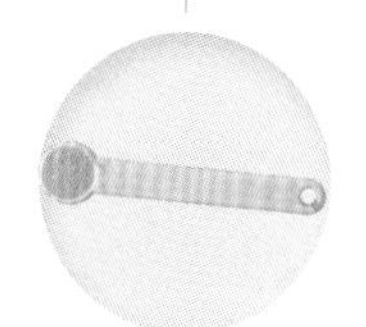
酵母1/4匙

C

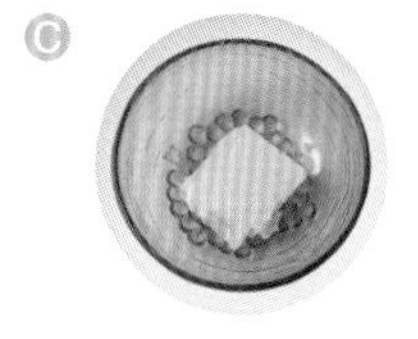
黄油15g

D

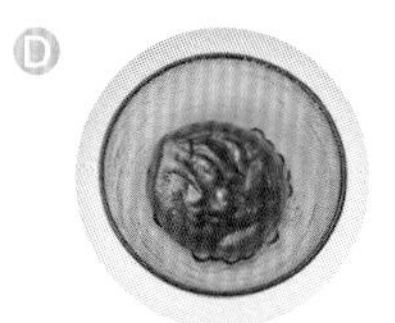
番茄酱适量

E

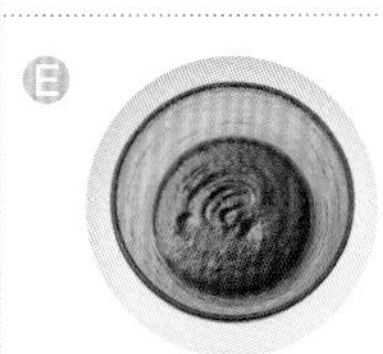
烧烤酱（BBQ）适量

F

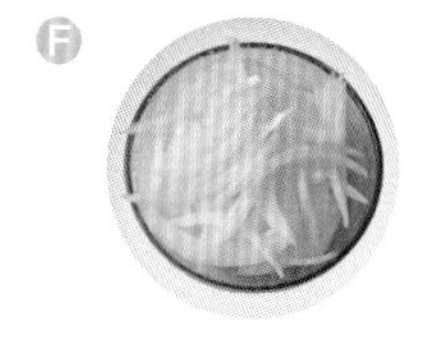
洋葱1/4颗

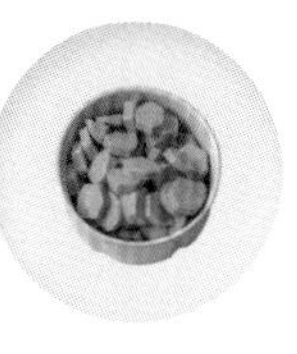
热狗切片3条

小章鱼适量

G

奶酪丝适量

H

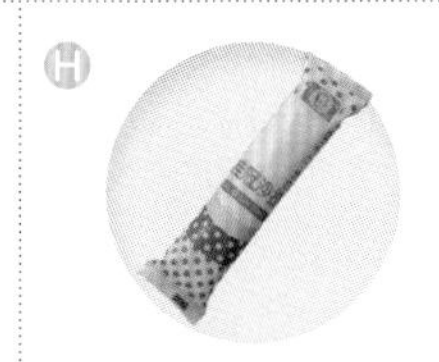
沙拉酱

I

柴鱼片适量

做法

1 将材料A（高筋面粉、奶粉、糖、蛋液）放入料理盆中。

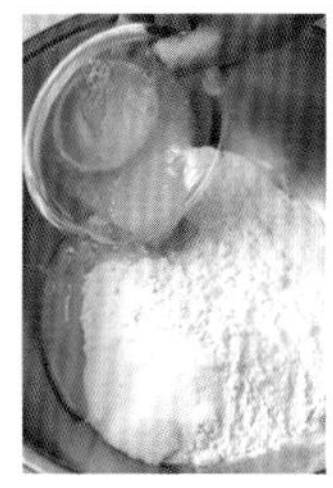

2 加入材料B（水、酵母）。

3 揉成团。

4 加入材料C（黄油）。

5 将面团揉至光滑出筋。

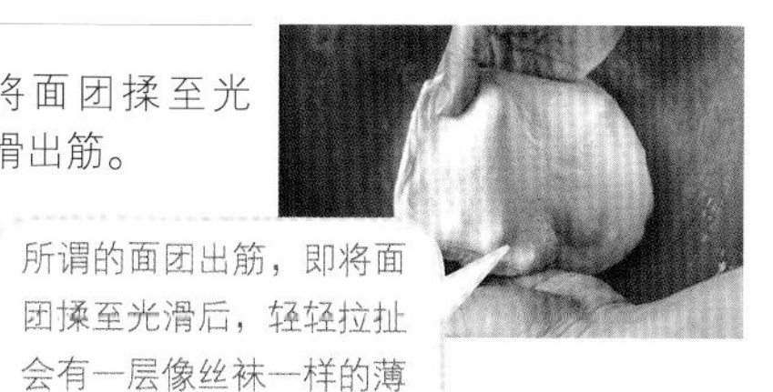

所谓的面团出筋，即将面团揉至光滑后，轻轻拉扯会有一层像丝袜一样的薄膜产生。

6 将面团滚圆后松弛发酵30~50分钟。

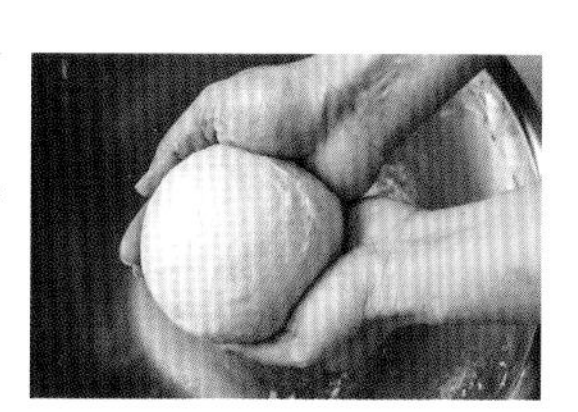

7 用擀面棍擀成圆片状。

8 用叉子在面皮上刺洞。

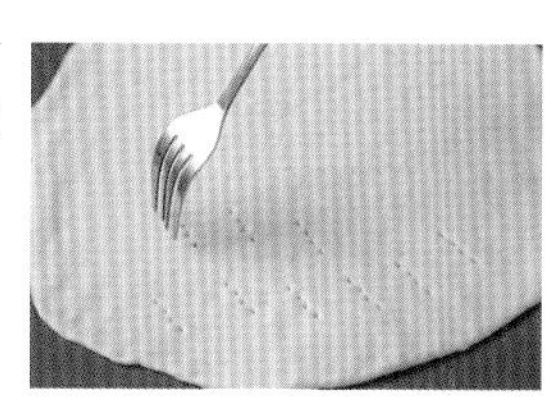

9 在刺洞的面皮上抹上材料D（番茄酱）。

10 再抹上一层材料E（烧烤酱）。

涂抹酱料时，面皮周围留约1cm的空白不要涂抹。

11 依次加入材料F（洋葱、热狗、小章鱼）。

小章鱼要先汆烫沥干水分后，才能铺在面皮上，不然很容易有腥味。

12 撒上材料G（奶酪丝）。

13 挤上材料H（沙拉酱）。

14 放上材料I（柴鱼片），上火200℃、下火160℃，烘烤20~25分钟，呈金黄色即可。

21 面包类

鲜奶面包

提示

最佳食用期，室温2天，冷藏7天。

烤箱预热温度，上火180℃、下火170℃，烘烤时间20~25分钟。

材料、器具

中种面团

A

- 高筋面粉 150g
- 鲜奶 95g
- 酵母 1/4 匙

主面团

B

- 高筋面粉 100g
- 糖 45g
- 酵母 4g
- 盐 3g

C

- 蛋白 30g
- 动物性鲜奶油 40g

D

- 黄油 25g

器具

E

- 圆形铝模

表面装饰

F

- 蛋液适量

成品分量：1 盒（6 颗）

A

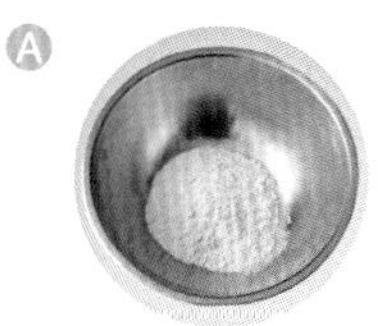

高筋面粉150g

＋

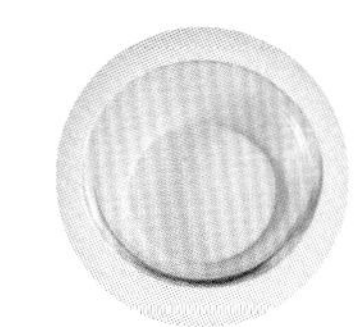

鲜奶95g

＋

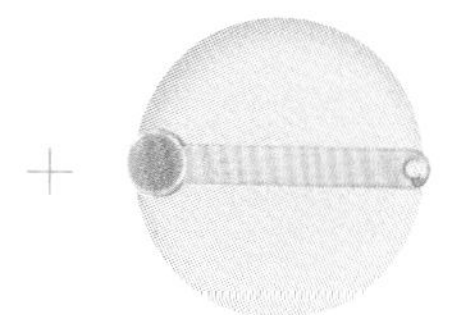

酵母1/4匙

B

高筋面粉100g

＋

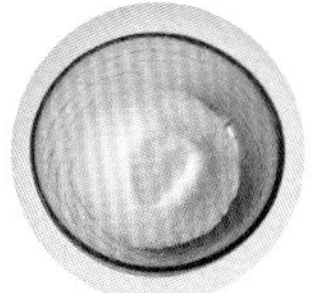

糖45g

酵母4g

＋

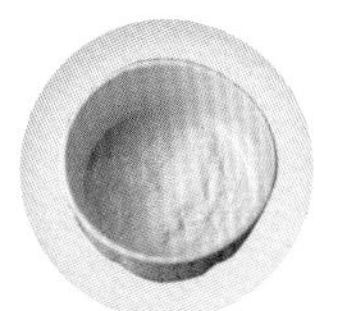

盐3g

C

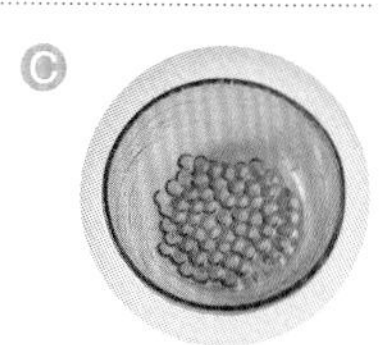

蛋白30g

＋

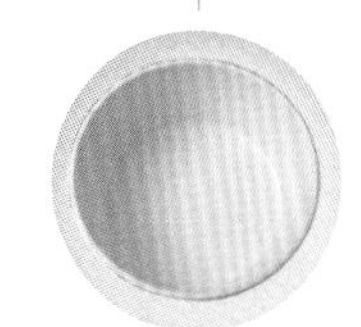

动物性鲜奶油40g

D

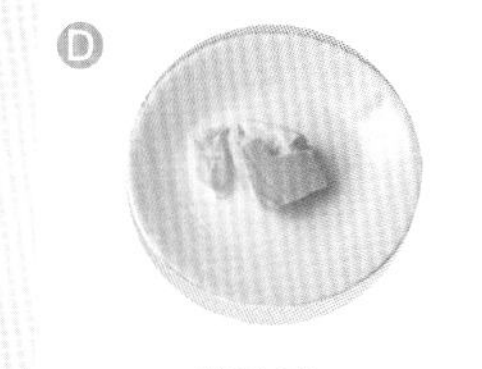

黄油25g

E

圆形铝模

F

蛋液适量

做法

1 将中种面团材料A（高筋面粉、鲜奶、酵母）用手揉成团。

2 发酵4～6小时，面团气泡多，略有酒味。

3 将主面团的材料B（高筋面粉、糖、盐、酵母）一一加入。

4 加入材料C（蛋白、动物性鲜奶油）。

5 揉成团后加入材料D（黄油）。

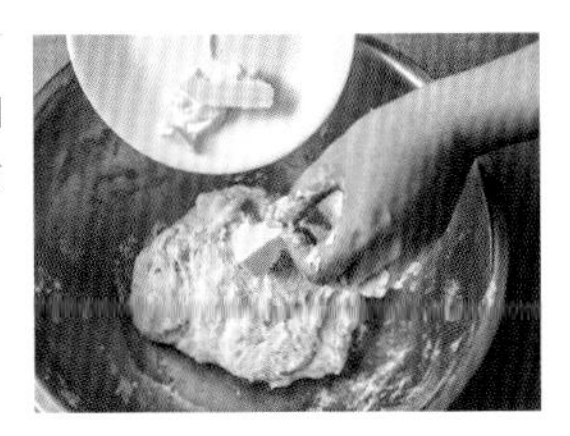

6 继续揉到出筋。

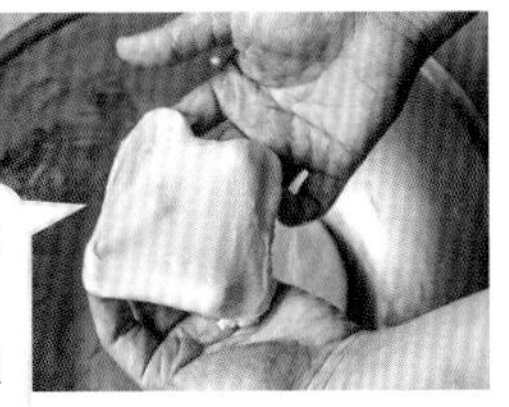

所谓的面团出筋，即将面团揉至光滑后，轻轻拉扯会有一层像丝袜一样的薄膜产生。手揉出筋需30~40分钟，机器揉出筋需7~10分钟。

7 将面团发酵40~60分钟。

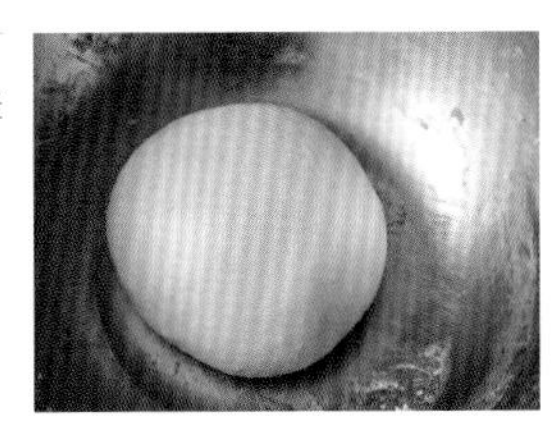

8 分割面团，每个约80g，滚圆后再松弛10分钟。

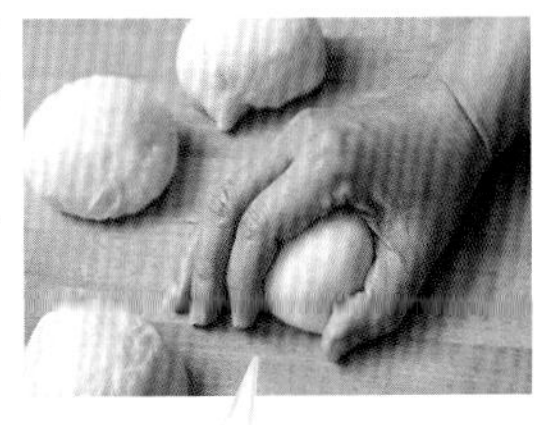

松弛中的面团，表面要喷洒一些水分，或是用东西覆盖，以免面团表面过干，不利整形操作。

9 将面团用擀面棍擀压，挤出气泡。

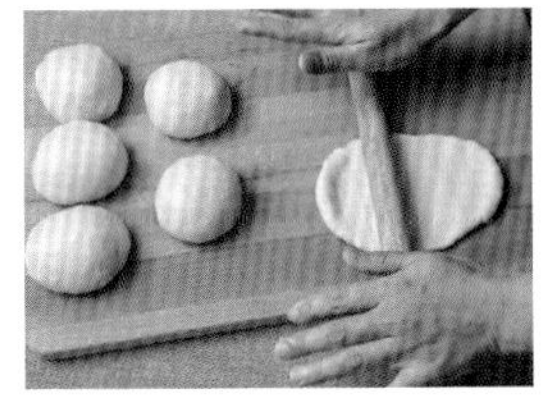

10 最后再整形成圆形，放入烤模中。

11 发成两倍大后抹蛋液放入烤箱。上火180℃、下火170℃，烘烤20~25分钟。

22

面包类

坚果蔓越莓吐司

提示

最佳食用期，室温3天，冷藏7天。

烤箱预热温度，上火160℃、下火180℃，烘烤时间25~30分钟。

材料、器具

坚果蔓越莓吐司

A
- 高筋面粉 165g
- 糖 25g
- 奶粉 1 大匙
- 盐 1/2 匙

B
- 水 80mL
- 酵母 1/2 匙

C
- 全蛋 15g

D
- 黄油 20g

E
- 蔓越莓干 20g
- 南瓜子 20g
- 核桃 30g

表面装饰

F
- 蛋液适量

器具

G
- 长条铝模

成品分量：1 条

A

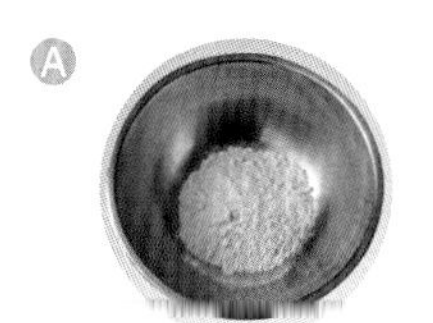

高筋面粉165g

糖25g

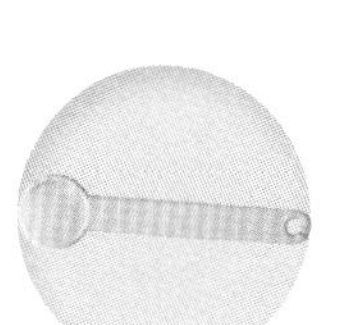

奶粉1大匙

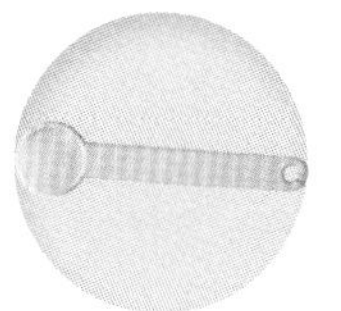

盐1/2匙

B

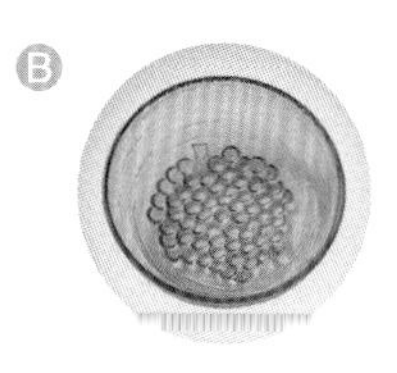

水80mL

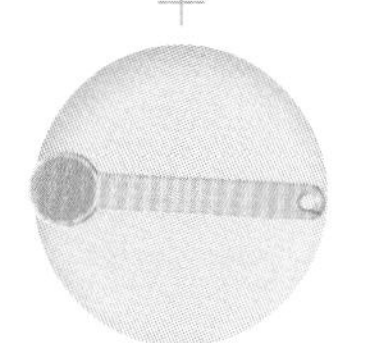

酵母1/2匙

C

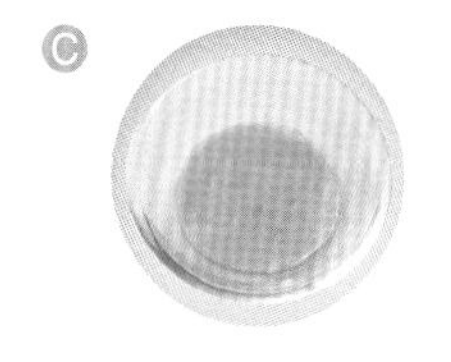

全蛋15g

D

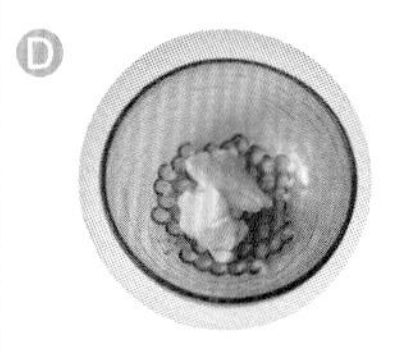

黄油20g

F

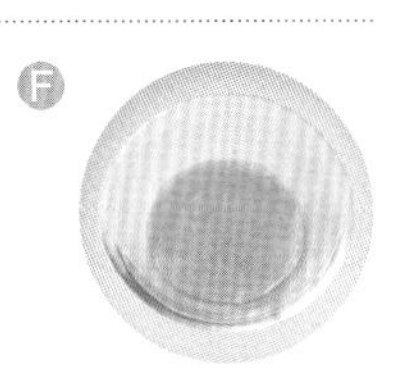

蛋液适量

E

蔓越莓干20g

南瓜子20g

核桃30g

G

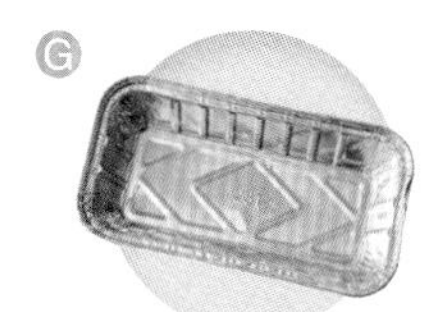

长条铝模

做法

1 将材料A（高筋面粉、糖、奶粉、盐）放入盆中。

2 加入材料B（水、酵母）。

3 加入材料C（全蛋）。

4 将倒入的材料揉捏均匀。

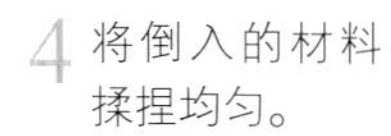

5 略成团时，加入材料D（黄油）。

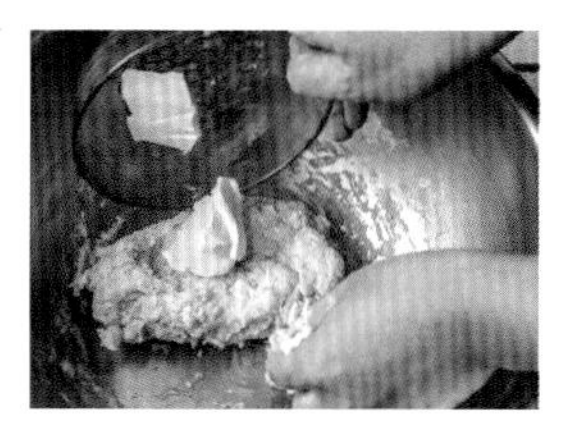

6 揉到面团出筋后发酵40~60分钟。

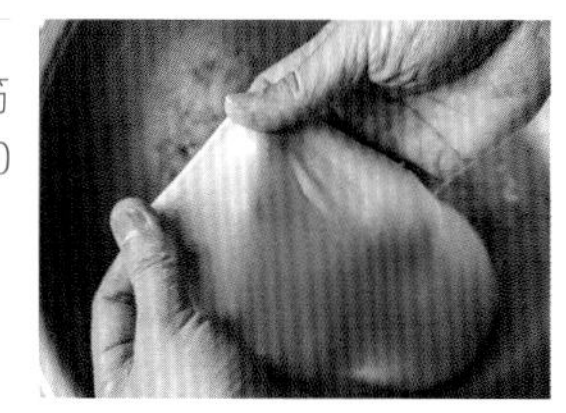

7 将第一次发酵好的面团分割，每个面团重100g。

8 滚圆后松弛5~10分钟。

9 用擀面棍将面团擀平，将多余的气泡压掉。

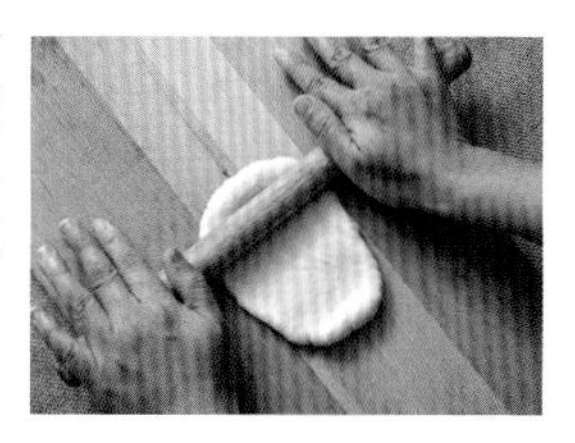

10 放入材料E（蔓越莓干、南瓜子、核桃）。

11 将面片的后面用手指压成薄膜状。

压成薄膜状的目的是为了卷起时方便包覆起来。

12 由上卷起。

13 最后接口捏紧。

14 平均放入模型中。

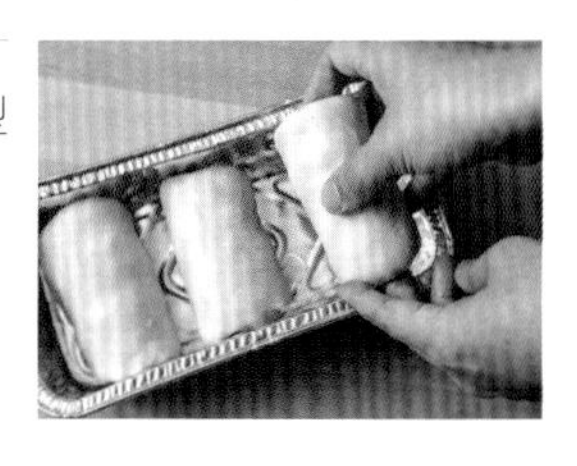

15 等发到两倍大后，抹上蛋液，放入烤箱，上火160℃、下火180℃，烘烤25~30分钟。

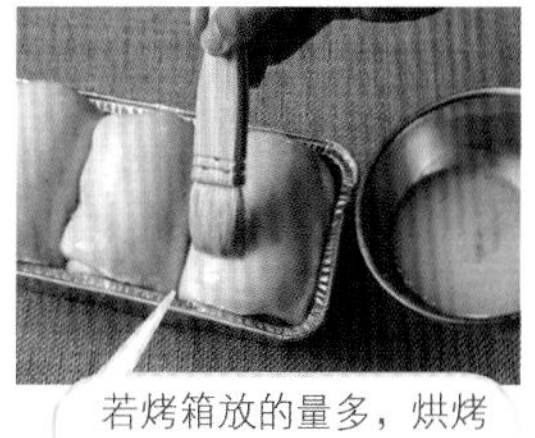

若烤箱放的量多，烘烤时间就要延长5~10分钟。

23 面包类

核桃乳酪面包

提示

最佳食用期，室温2天，冷藏5天。
烤箱预热温度，上火180℃、下火160℃，烘烤时间15~20分钟。

材料

中种面团

A

- 高筋面粉 35g
- 水 15mL
- 酵母 1/8 匙

主面团

B

- 高筋面粉 290g
- 糖 50g
- 盐 1/2 匙
- 奶粉 1 茶匙

C

- 三合一即溶咖啡粉 1 包

D

- 水 150mL
- 酵母 1/2 匙

E

- 全蛋 30g

F

- 黄油 25g

馅料

G

- 奶油奶酪 400g
- 糖粉 100g

H

- 熟核桃 100g

表面装饰

I

- 黄油适量

J

- 奶粉适量

成品分量：8 个

A

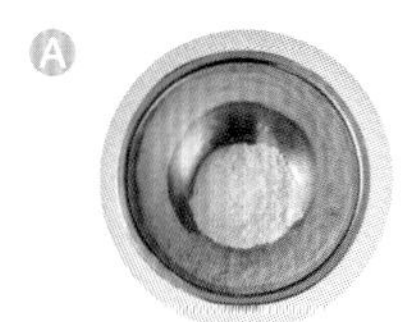

高筋面粉35g

水15mL

酵母1/8匙

B

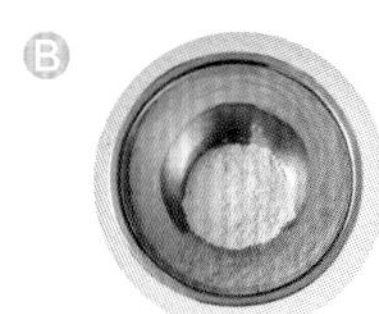

高筋面粉290g

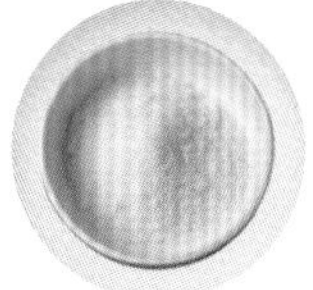

糖50g

D

水150mL

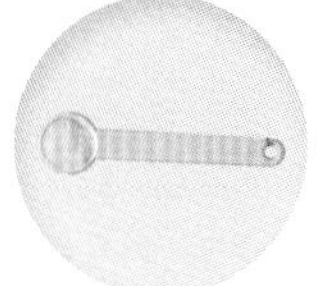

盐1/2匙

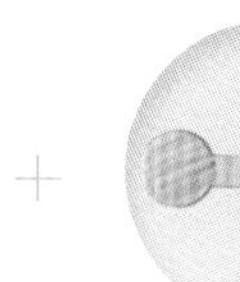

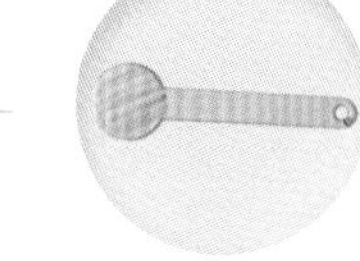

奶粉1茶匙

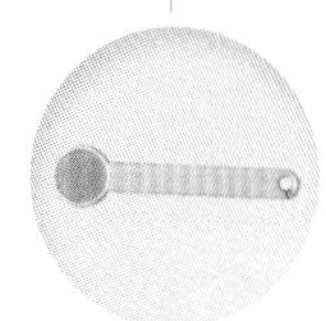

酵母1/2匙

C

三合一即溶咖啡粉1包

E

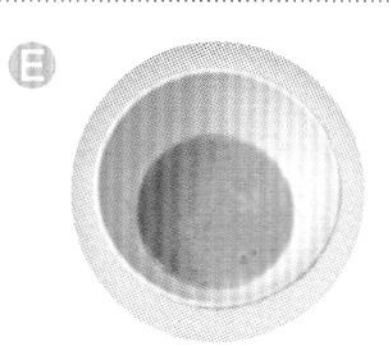

全蛋30g

F

黄油25g

G

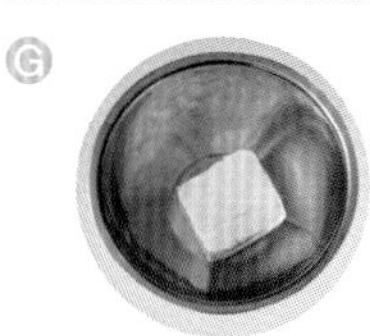

奶油奶酪400g

糖粉100g

H

熟核桃100g

I

黄油适量

J

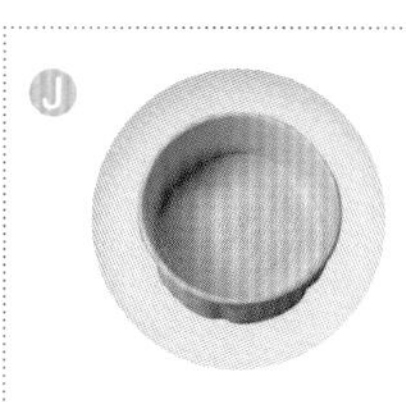

奶粉适量

做法

1 面包制作：将中种面团材料A（高筋面粉、水、酵母）倒入。

2 拌揉成团，发酵40分钟，做成中种面团。

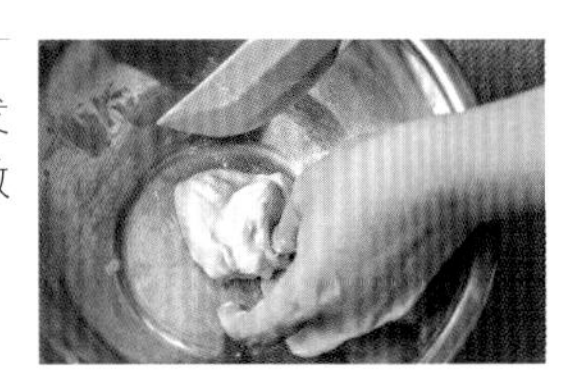

3 将做法2中种面团放入材料B（高筋面粉、糖、盐、奶粉）中。

4 加入材料C（三合一即溶咖啡粉）。

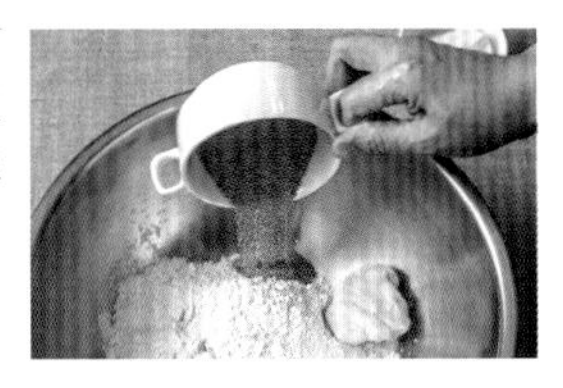

5 加入材料D(水、酵母）。

6 加入材料E（全蛋）。

7 加入材料F（黄油）。

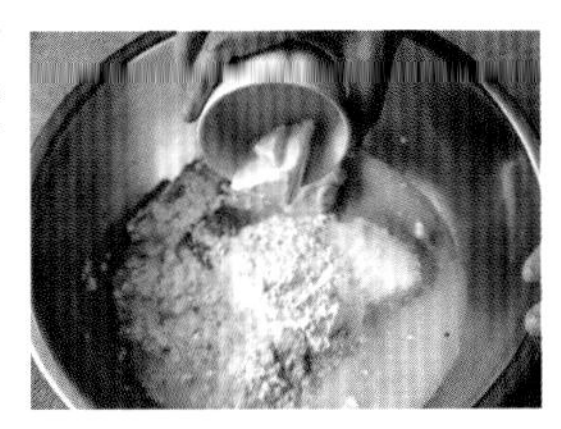

8 用手拌揉成团。

9 揉至出筋后发酵60分钟。

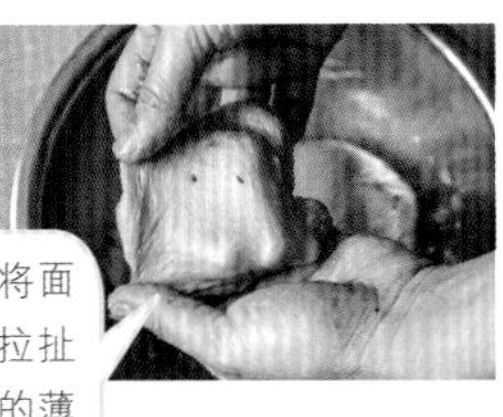

所谓的面团出筋，即将面团揉至光滑后，轻轻拉扯会有一层像丝袜一样的薄膜产生。

10 将发酵好的面团分割，每颗重80g。

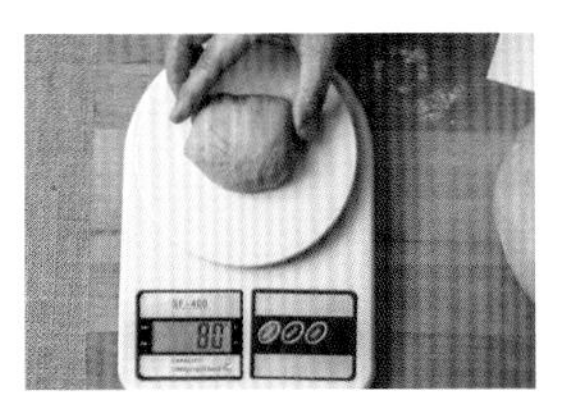

11 静置10分钟后倒入模型中，放入烤箱。

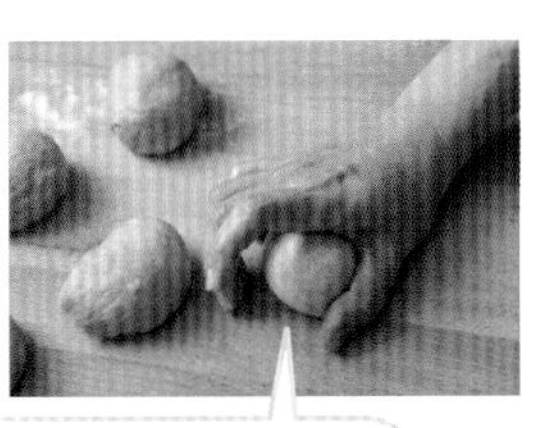

松弛中的面团，表面要喷洒一些水分，或用东西覆盖，以免面团表面过干，不利整形操作。

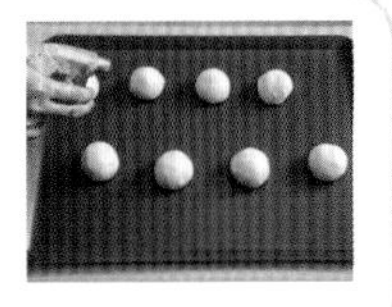

12 内馅制作：将材料G（奶油奶酪、糖粉）倒入盆中。

13 用打蛋器搅打至柔顺光滑。

14 加入材料H（熟核桃）拌匀即可。

15 组合成型：将松弛好的面团用擀面棍擀压。

16 抹上馅料。

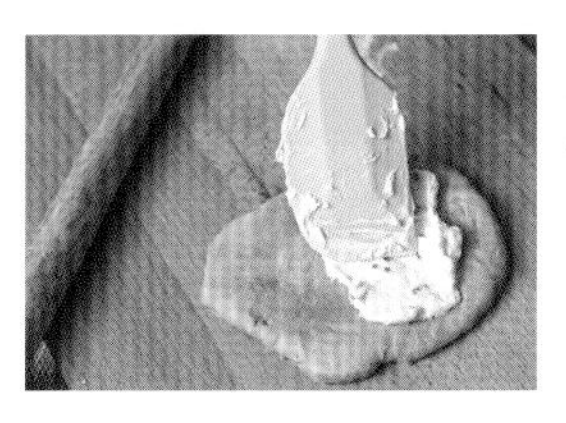

17 在面片的后方，用手指压出薄膜。

18 卷起。

19 接口处捏紧。

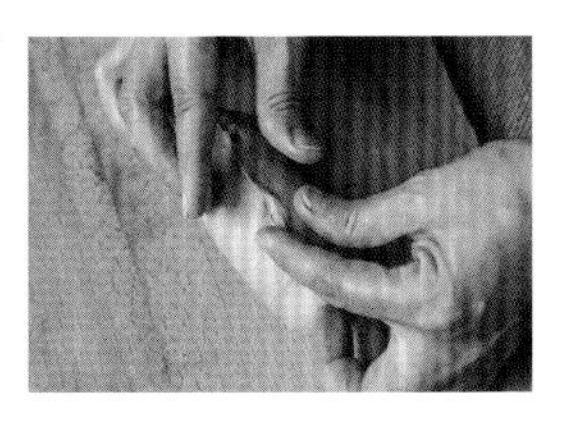

20 发酵至两倍大后，在面包上方用刀子划两刀。

21 挤上黄油。

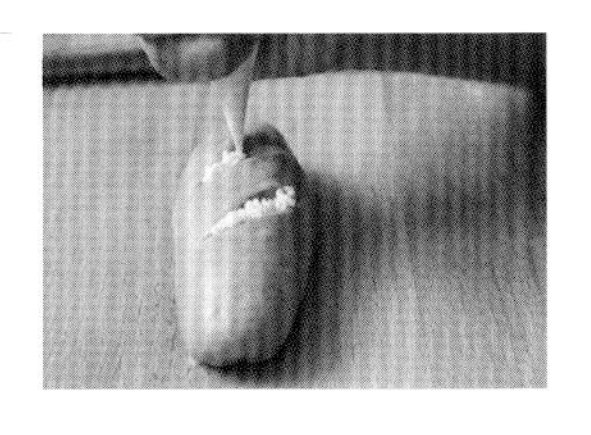

22 撒上一些奶粉装饰后即可放入烤箱，上火180℃、下火160℃，烘烤15~20分钟。

24
面包类

优格巧克力面包条

提示

最佳食用期，室温保存2天，冷藏5天。
烤箱预热温度，上火180℃、下火160℃，烘烤时间10~15分钟。

材料

优格巧克力面包条

A

- 高筋面粉 180g
- 糖 15g
- 无糖优格 30g
- 盐 1/8 匙

B

- 牛奶 75g
- 酵母 1/2 匙

C

- 黄油 15g

D

- 巧克力豆 25g

表面装饰

E

- 蛋液适量

成品分量：5 个

A

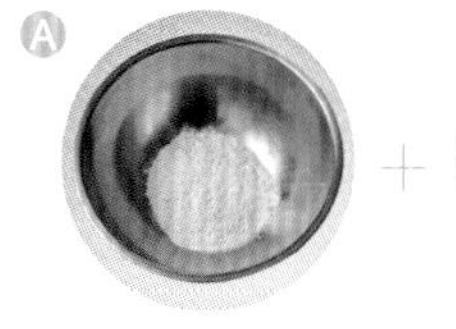

高筋面粉180g

糖15g

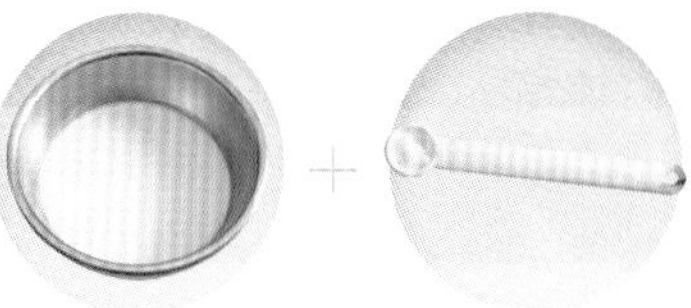

无糖优格30g

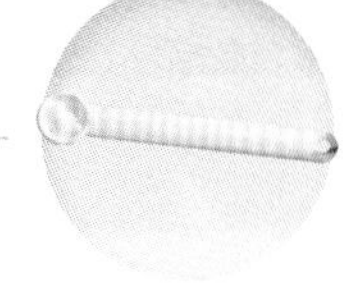

盐1/8匙

B

牛奶75g

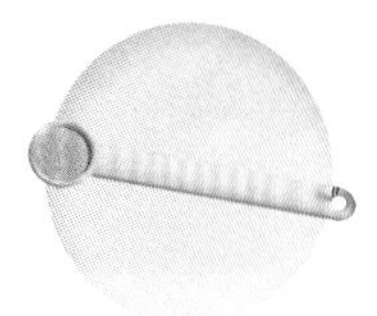

酵母1/2匙

C

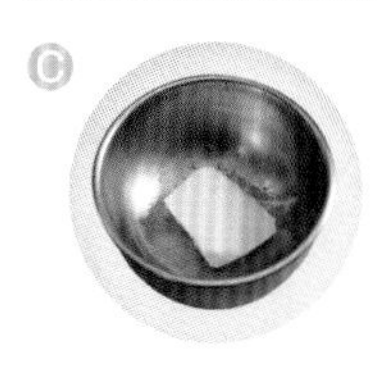

黄油15g

D

巧克力豆25g

E

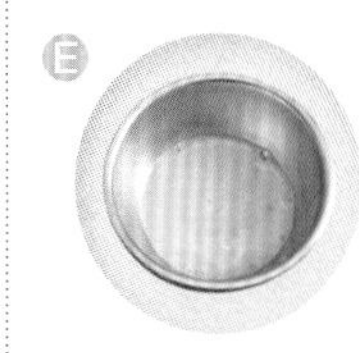

蛋液适量

做法

1 将材料B（牛奶、酵母）混合均匀。

2 将做法1倒入材料A（高筋面粉、糖、无糖优格、盐）中。

3 加入材料C（黄油）。

4 揉成团。

5 最后揉至面团出筋，发酵约1小时。

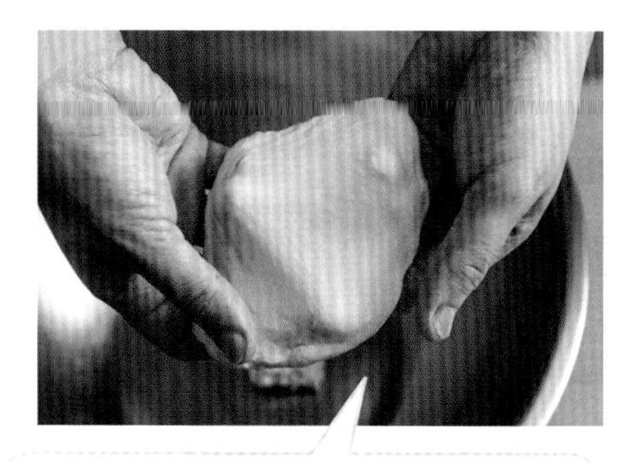

所谓的面团出筋，即将面团揉至光滑后，轻轻拉扯会有一层像丝袜般的薄膜产生。

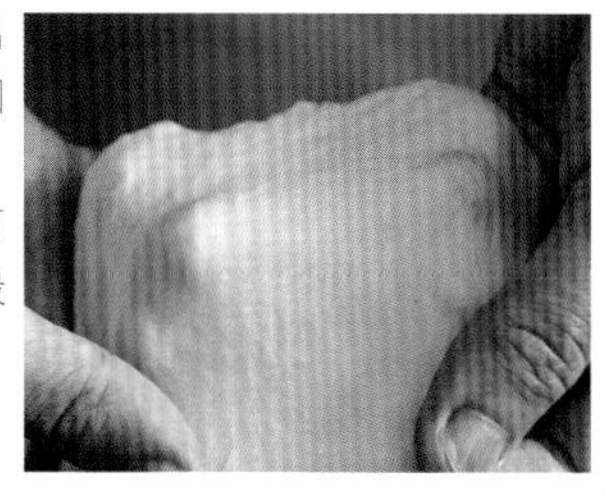

6 将发酵好的面团分割成5个，每个约60g，滚圆后松弛5~10分钟。

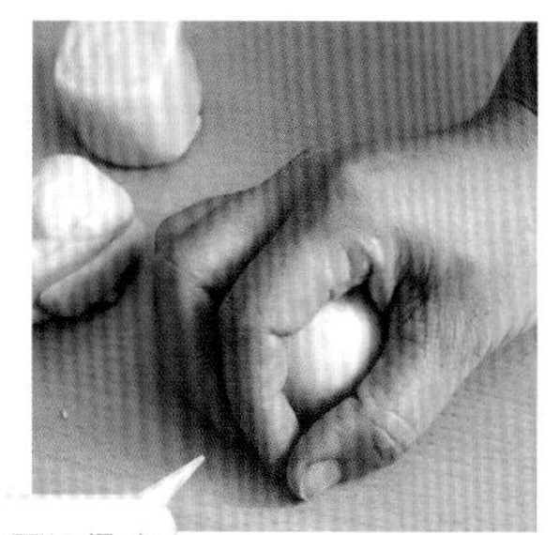

松弛期间要记得喷洒一些水，才不会让面团太干燥。

7 将分割好的面团擀成长方形。

8 擀好的面片翻面，将不好看的面朝上。

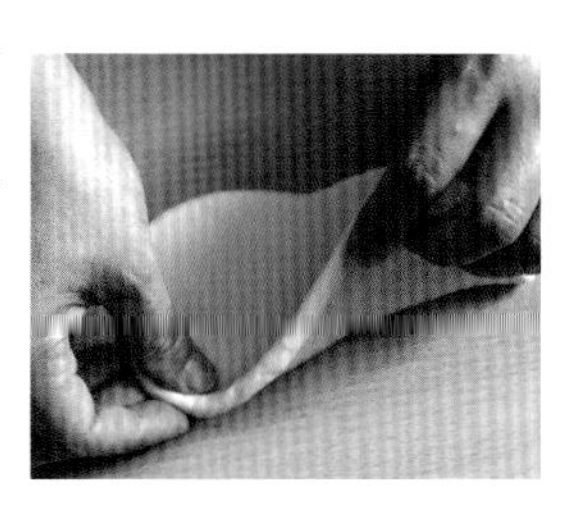

9 在长方形的一面预留2~3cm，稍微做个记号。

10 刮板在面片正中间切开。

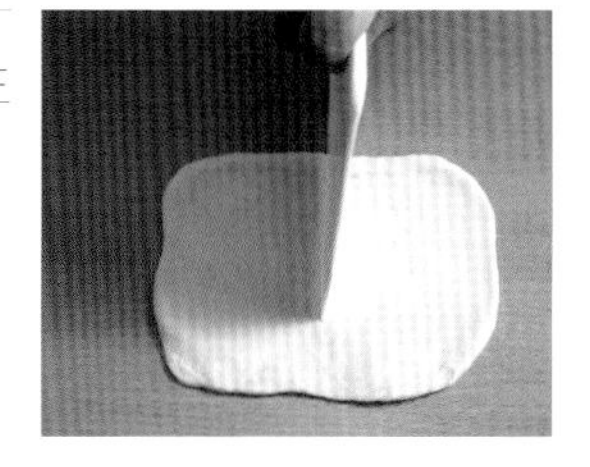

11 先将左右两边较不平整的面皮做记号。

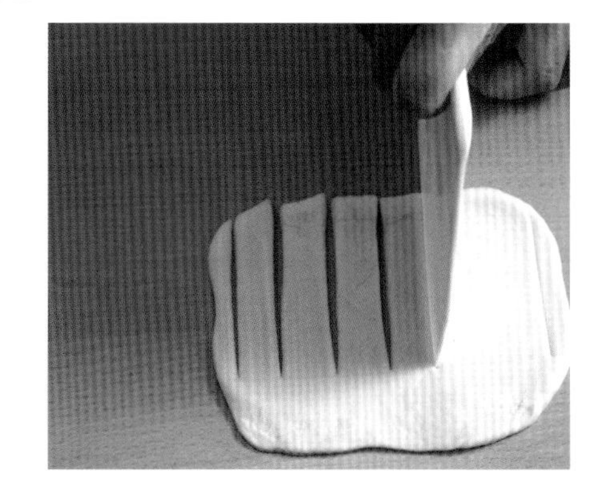

12 再从中间向两边平均各切3条。

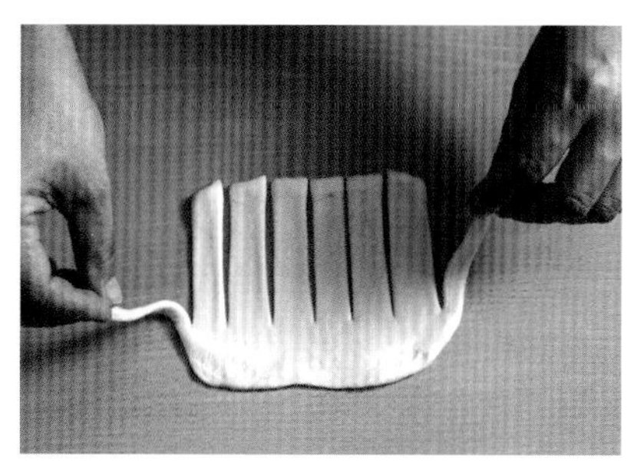

13 在预留的地方铺上材料D（巧克力豆）。

14 折起两边不平整的面条。

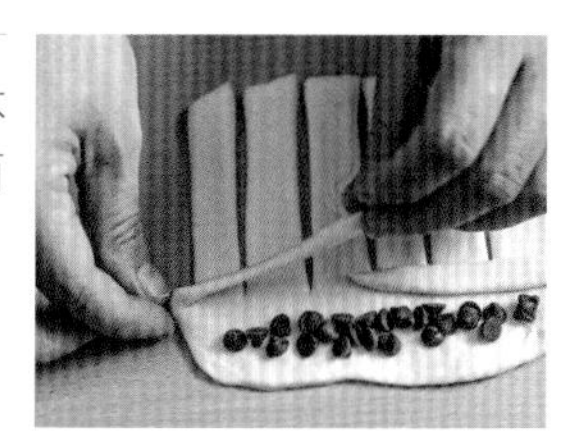

15 将巧克力包卷起来。

接口处一定要粘紧。

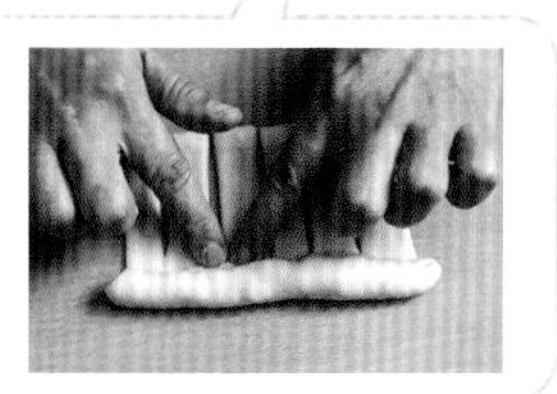

16 最后再将整个面片卷起。

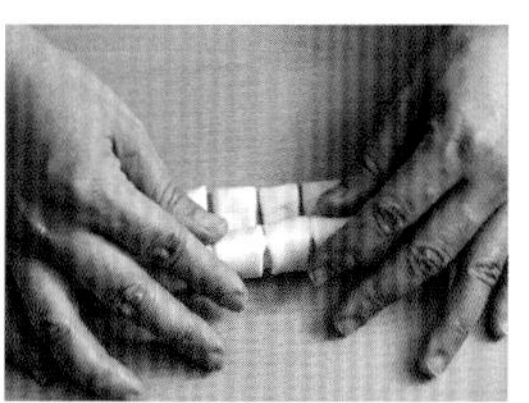

17 将整形好的面团摆入烤盘中，发酵成两倍大后，在凸出的部分抹上蛋液放入烤箱。上火180℃、下火160℃，烘烤10~15分钟，烤成金黄色即可。

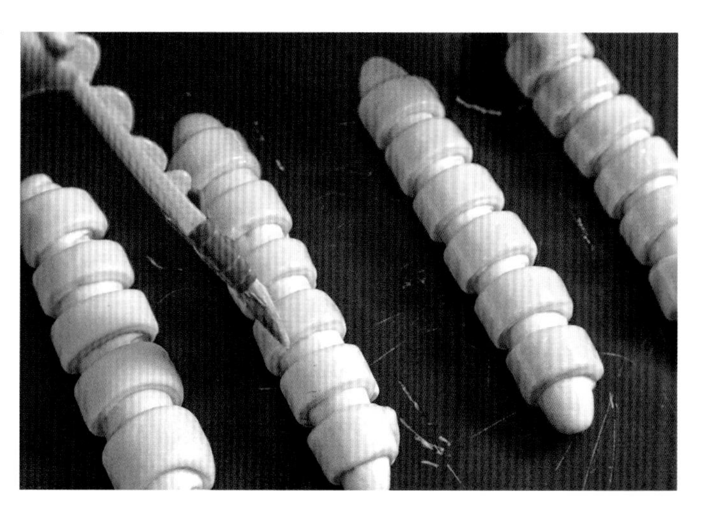

25

面包类

古早味甜甜圈

提示

最佳食用期，室温2天，冷藏5天。

材料、器具

面团

A

- 高筋面粉 130g
- 低筋面粉 55g
- 奶粉 10g
- 糖 25g
- 盐 1/8 匙
- 泡打粉 1/8 匙

B

- 蛋液 30g

C

- 水 55mL
- 酵母 1/2 匙

D

- 黄油 45g

表面装饰

E

- 黑、白巧克力适量
- 砂糖适量

器具

F

- 甜甜圈切割器

成品分量：6~8 个

A

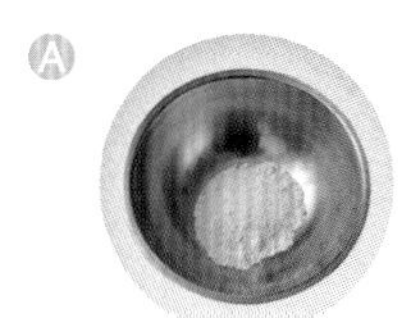

高筋面粉130g

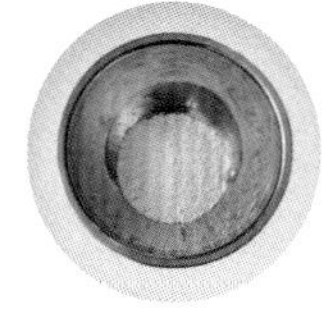

低筋面粉55g

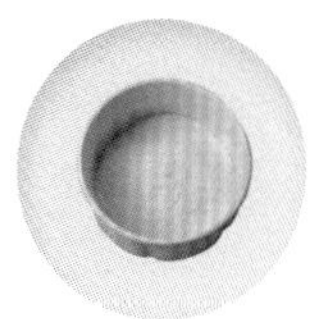

奶粉10g

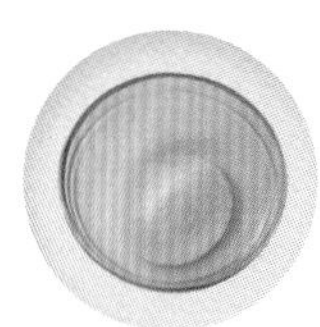

糖25g

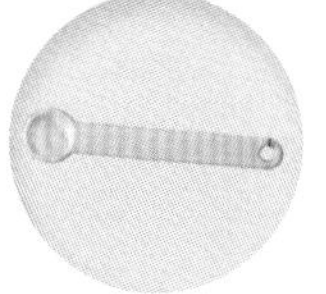

盐1/8匙

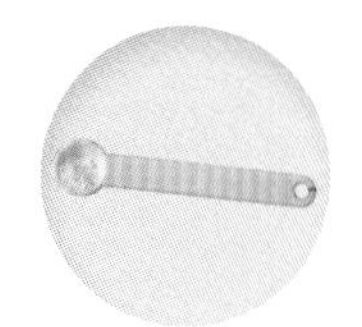

泡打粉1/8匙

B

蛋液30g

C

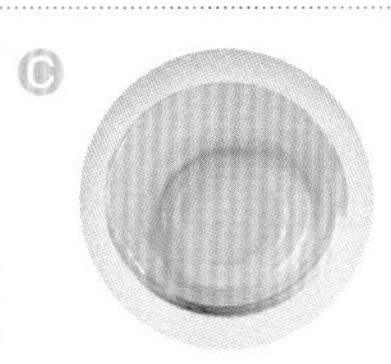

水55mL

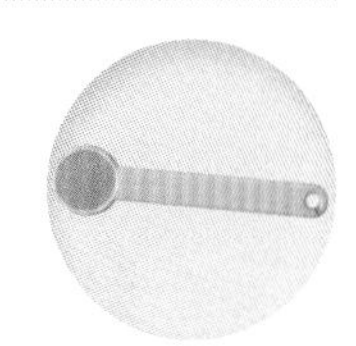

酵母1/2匙

D

黄油45g

E

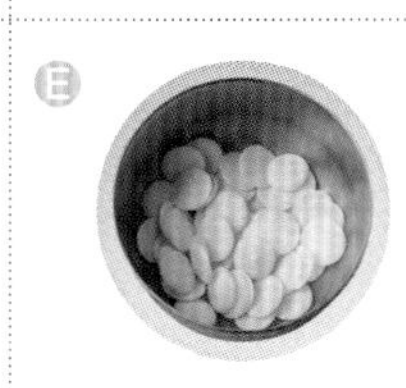

黑、白巧克力适量

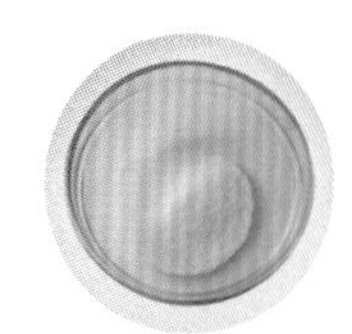

砂糖适量

F

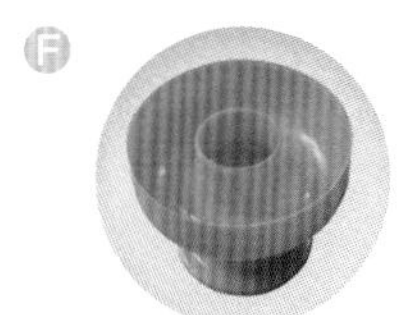

甜甜圈切割器

做法

1 将材料A（高筋面粉、低筋面粉、奶粉、糖、盐、泡打粉）全部放入料理盆中。

2 加入材料B（蛋液）。

3 加入材料C(水、酵母)。

4 拌揉成团。

5 加入材料D (黄油)。

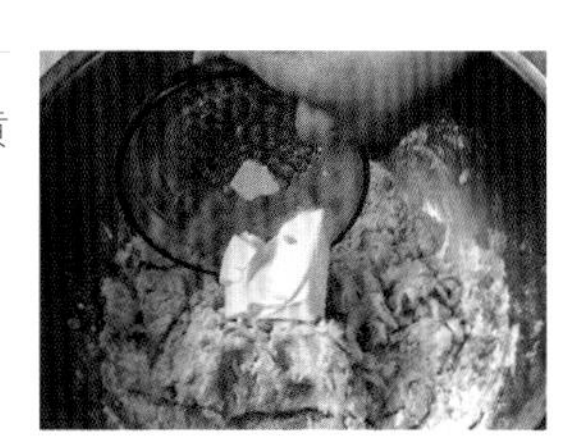

6 揉成光滑面团，松弛15~20分钟。

7 用擀面棍将面团擀压成约2cm厚的面片。

8 用甜甜圈切割器压出形状。

没有模型器具时可以这样做：

分割面团，每份重55g。

整形成圆球状。

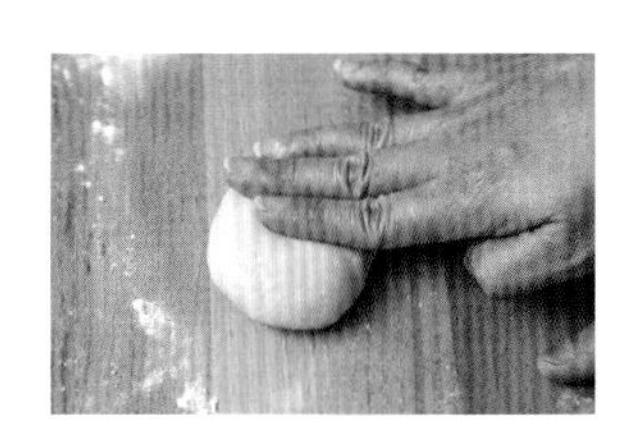

将圆球面团稍微压扁。

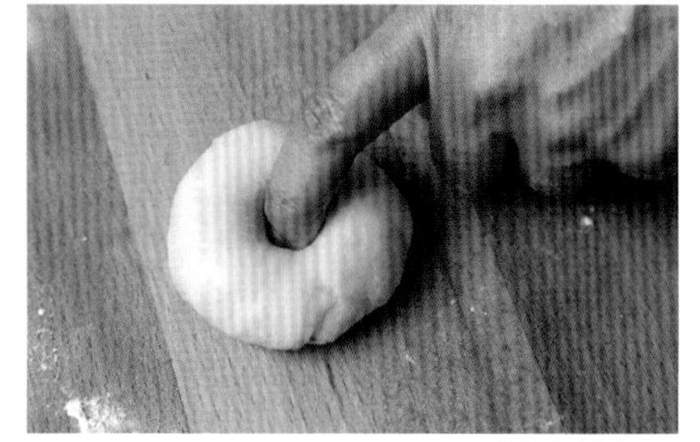

在中心点的位置，用手指按出一个洞。

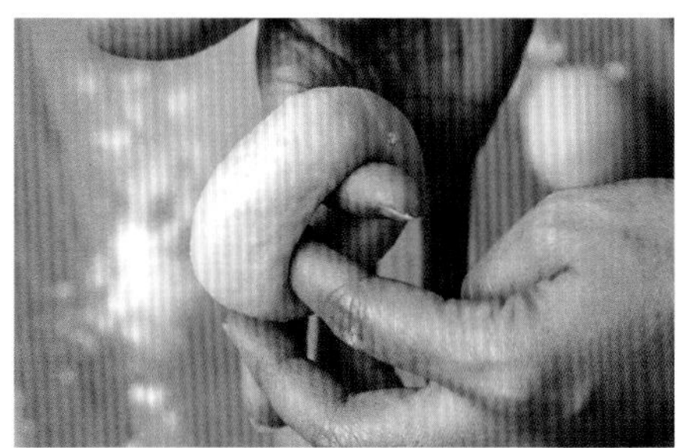

将中心的洞变大即可。

9 原味甜甜圈制作：松弛10~15分钟后即可入锅油炸。

10 炸到两面呈金黄色。

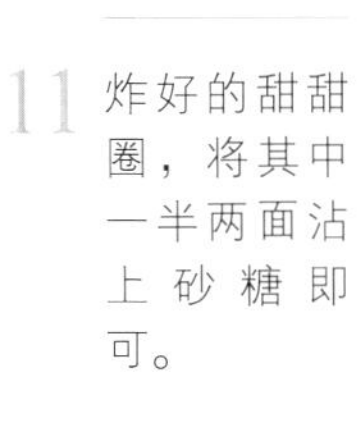

11 炸好的甜甜圈，将其中一半两面沾上砂糖即可。

12 巧克力甜甜圈制作：将白巧克力隔水加热熔化。

13 将剩余一半的甜甜圈一面蘸上白巧克力。

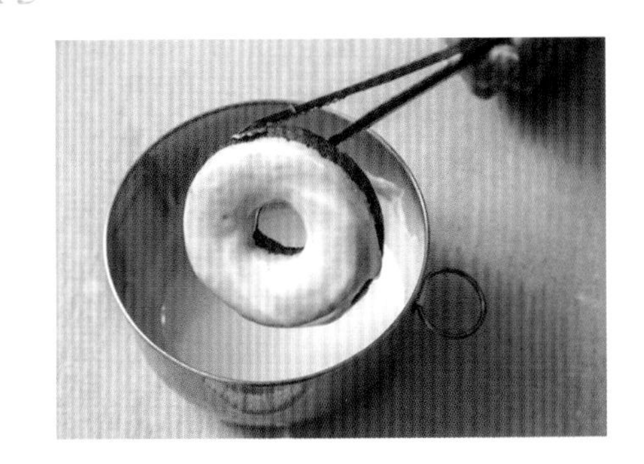

14 表面再用熔化的黑巧克力装饰即可。

Steamed bread

第四章　中式餐点

26

中式餐点类

神奇宝贝球馒头

提示

最佳食用期，室温1天，冷藏7天。

材料

白面团

A

- 中筋面粉 120g
- 泡打粉 1/8 匙
- 糖 15g

B

- 鲜奶 60g
- 酵母 1/8 匙

C

- 沙拉油 8g

红面团

D

- 中筋面粉 95g
- 红曲粉 1/4 匙
- 泡打粉 1/8 匙
- 糖 15g

E

- 鲜奶 50g
- 酵母 1/8 匙

F

- 沙拉油 5g

黑面团

G

- 白面团 25g

H

- 黑可可粉适量

I

- 热水适量

成品分量：8 颗

A

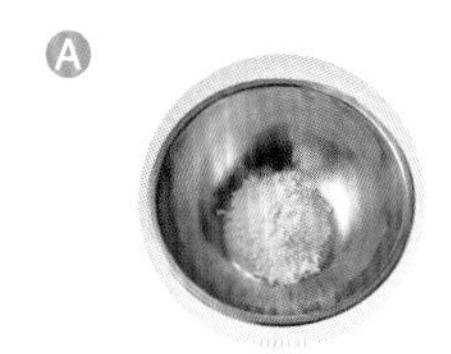

中筋面粉120g

＋

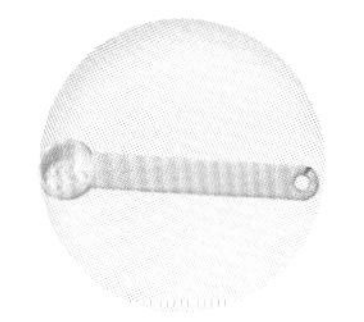

泡打粉1/8匙

糖15g

B

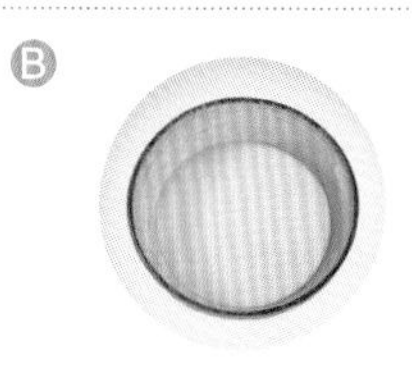

鲜奶60g

＋

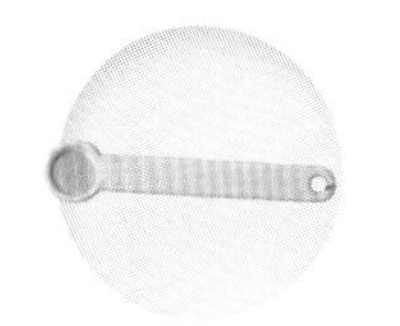

酵母1/8匙

C

沙拉油8g

D

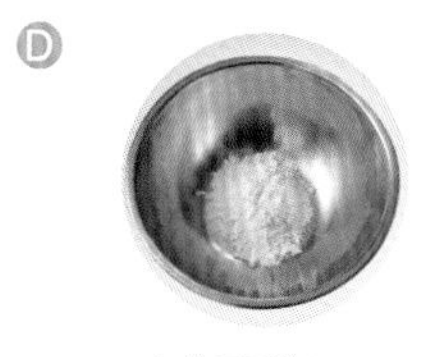

中筋面粉95g

＋

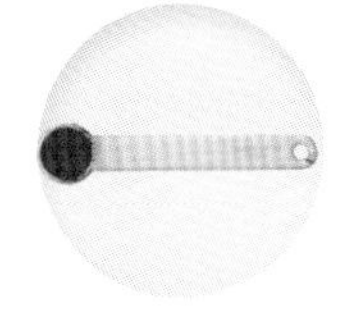

红曲粉1/4匙

泡打粉1/8匙

＋

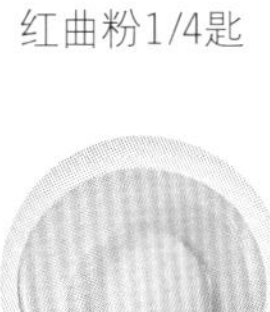

糖15g

E

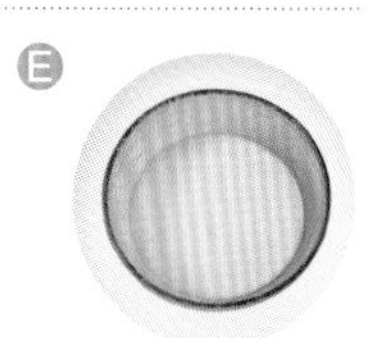

鲜奶50g

＋

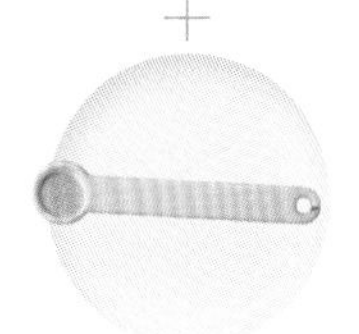

酵母1/8匙

F

沙拉油5g

G

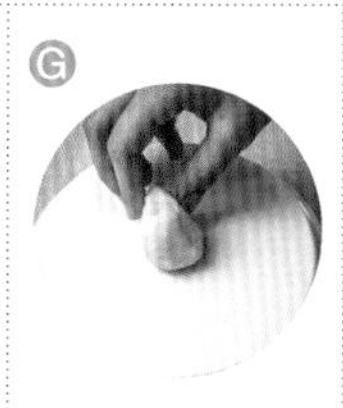

白面团25g

H

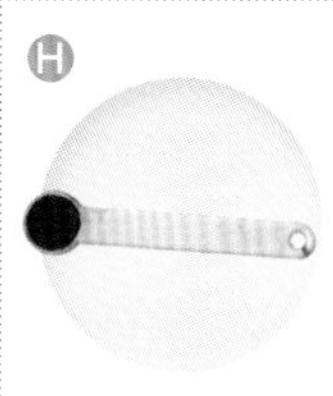

黑可可粉适量

I

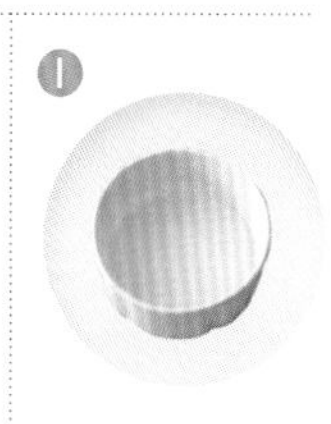

热水适量

做法

1 白面团制作：将材料A（中筋面粉、泡打粉、糖）依次倒入。

2 材料B（鲜奶、酵母）混合均匀后倒入容器中。

3 加入材料C（沙拉油）。

4 用手拌揉。

5 将白面团揉至光滑后发酵30分钟。

6 黑面团制作：先将材料H（黑可可粉）加点儿热水拌匀。

水量不要过多，不然面团会很湿黏，不容易操作。

7 倒入25g白面团中。

8 揉至面团均匀光滑，发酵20~30分钟。

9 红面团制作：将材料D（中筋面粉、红曲粉、泡打粉、糖）和材料F（沙拉油）依次放入。

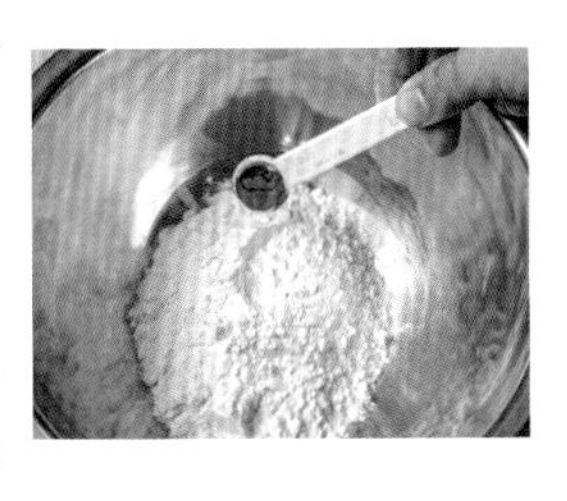

10 将红面团揉至光滑。

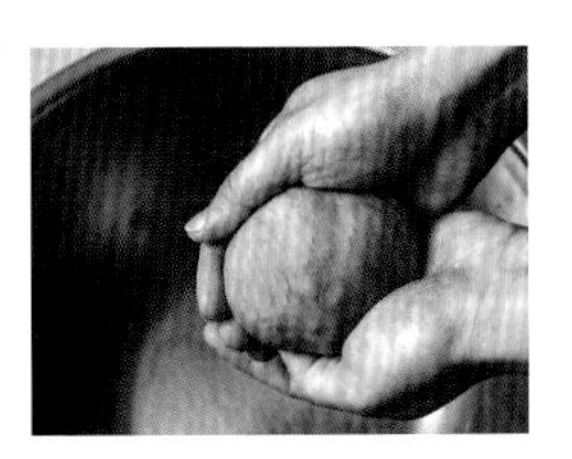

11 将白面团分割，每个20g。

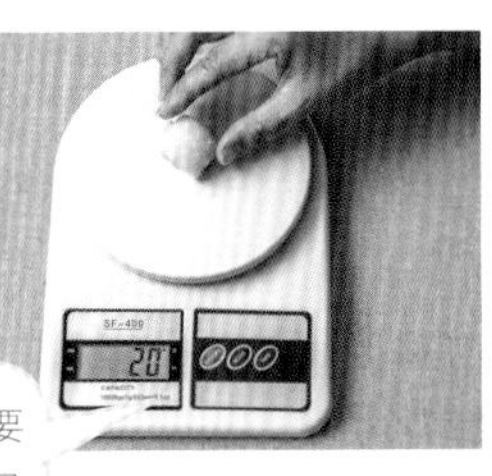

分割后剩下的白面团要留下，在制作神奇宝贝球的按扭时使用。

12 滚圆。

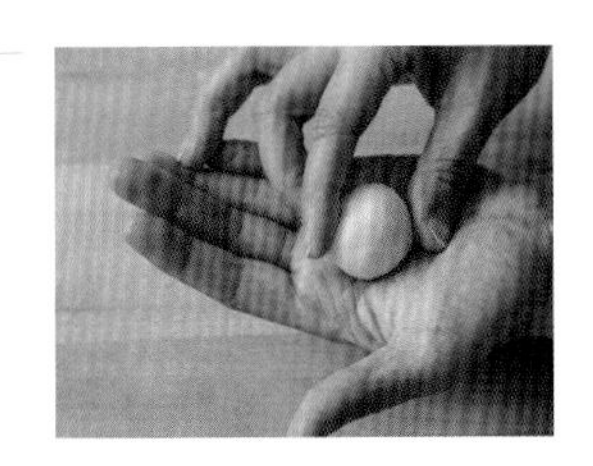

13 将红面团分割，每个20g。

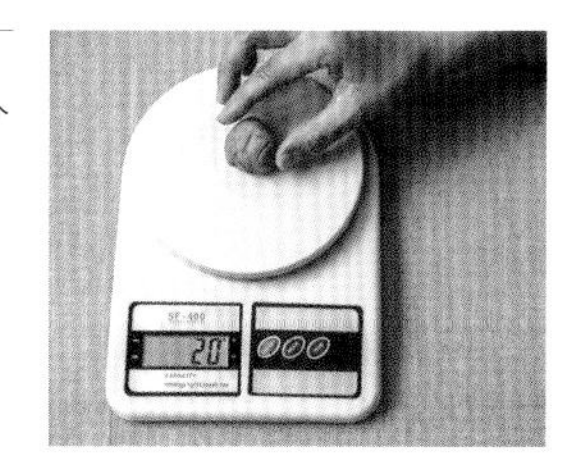

14 滚圆。

15 将黑面团擀成长片状。

16 将黑面片切成长条状。

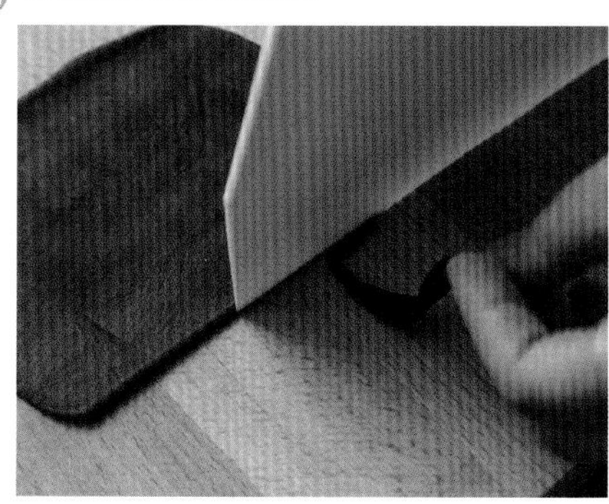

裁掉的面片请留下，在制作神奇宝贝的按扭时使用。

17 平均切成8等份长条。

18 红面团与白面团分别切成一半。

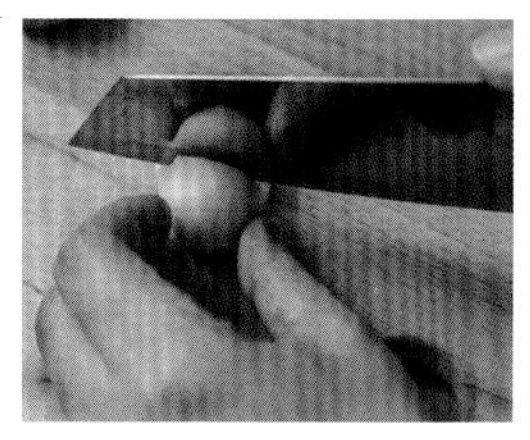

19 将切开的面团抹水。

抹水的目的是当黏合剂使用，让面团不容易脱落。

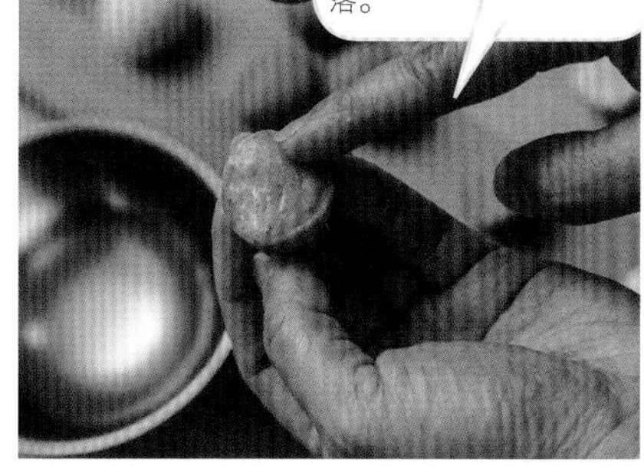

20 将半颗红白面团组合成一颗。

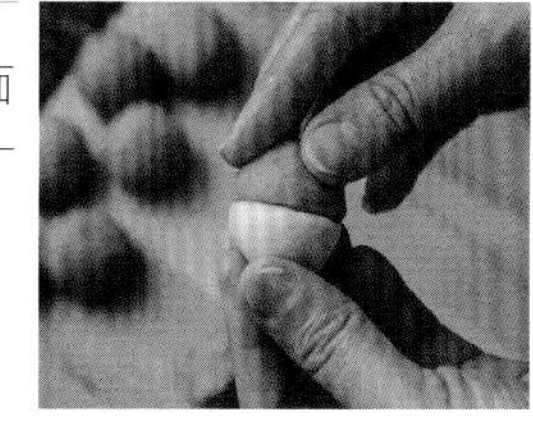

21 在切好的长条黑面片上抹水。

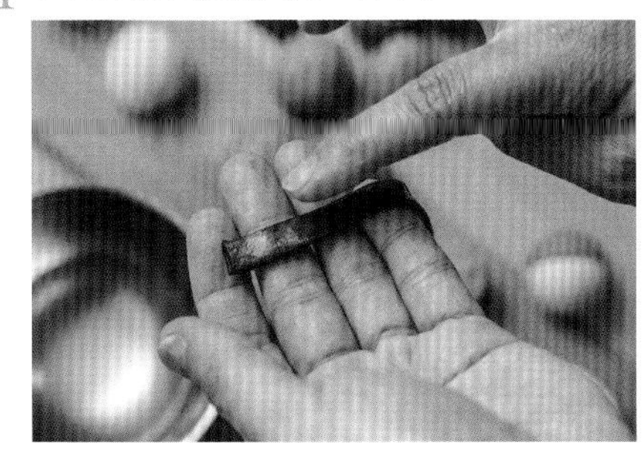

22 围在中间。

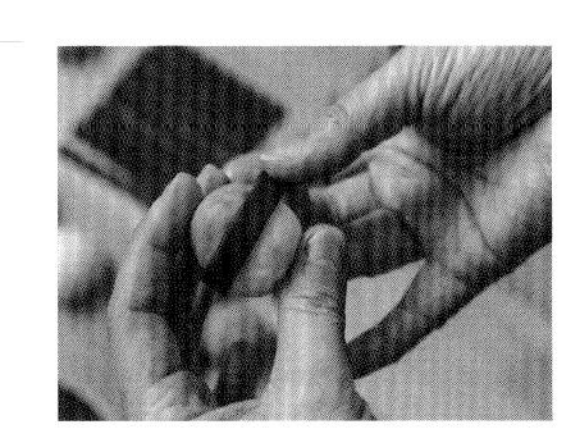

23 并在接口处粘上圆扁的白面团。

24 最后再黏上圆扁黑面团。

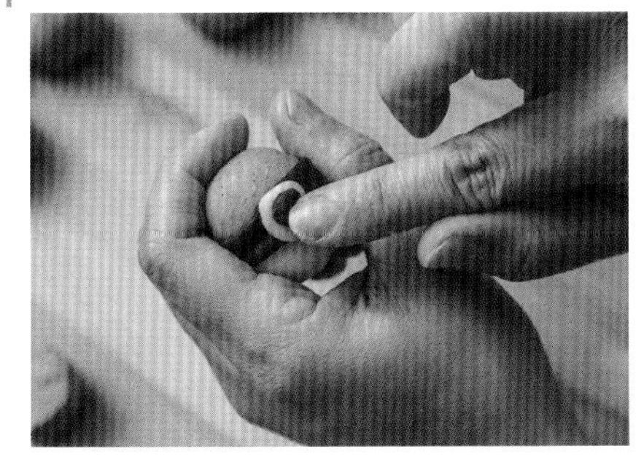

25 发酵10~15分钟入蒸锅，以中小火蒸20~25分钟即可食用。

除了神奇宝贝球外，也可以自由发挥创作其他形状的面团。

27
中式餐点类

南瓜蔓越莓馒头

提示

最佳食用期，室温2天，冷藏10天（食用时电锅回蒸）。

材料

南瓜老面

A
- 中筋面粉 150g
- 南瓜泥 150g

B
- 鲜奶 15g
- 酵母 1/2 匙

主面团

C
- 中筋面粉 150g
- 泡打粉 1/8 匙
- 糖 35g

D
- 植物油 1/2 匙

E
- 水 10mL 备用

F
- 蔓越莓干 25g

成品分量：8~10 个

A

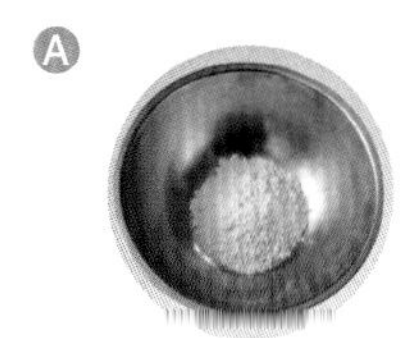

中筋面粉150g ＋ 南瓜泥150g

D

植物油1/2匙

B

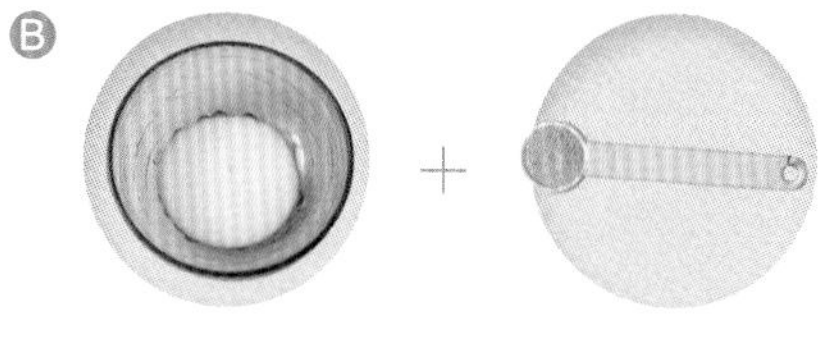

鲜奶15g ＋ 酵母1/2匙

E

水10mL备用

C

中筋面粉150g ＋

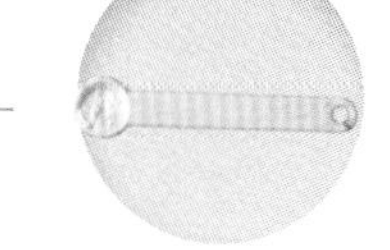

泡打粉1/8匙 ＋

糖35g

F

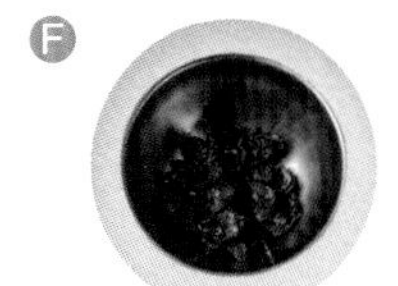

蔓越莓干25g

做法

1 南瓜老面制作：在材料A（中筋面粉、南瓜泥）中加入材料B（鲜奶、酵母）。

南瓜泥做法：将南瓜去皮去籽放入电锅蒸熟，压成泥状即可。

2 拌揉均匀成团。

3 放入盆中发酵3~4小时。

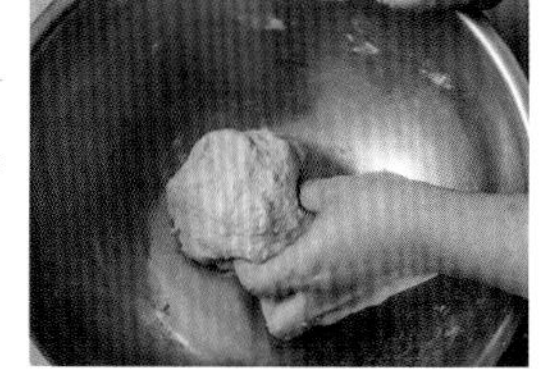

4 主面团制作：将材料C（中筋面粉、泡打粉、糖）加入发酵好的南瓜老面中。

5 加入材料D（植物油）。

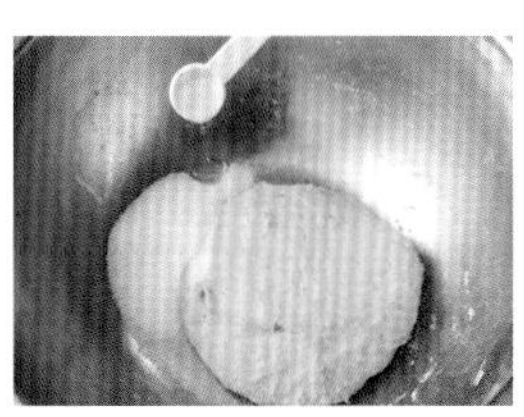

6 加入材料E（水）。

因为有些面粉的吸水量不同，水的分量可以看情状加入，若面团已经太湿就不要再加水。

7 揉至"三光"，发酵约30分钟。

所有中式面食只要揉到三光即可，所谓三光即：手光（不黏手）、桌面光（器具干净）、面团光滑。

8 将发酵好的面团，压扁擀成长方形（三折两次）每折一次松弛5~10分钟。

9 最后一次擀平厚度约0.5cm，平均铺上材料F（蔓越莓干）。

10 缓缓地卷起。

11 用刀子平均切割，放入蒸笼里，再发酵10~15分钟，用中火蒸15~20分钟即可起锅享用。

28
中式餐点类

三角豆沙包

提示

最佳食用期，室温1天，冷藏7天。

材料

A
- 中筋面粉 180g
- 泡打粉 1/4 匙
- 糖 15g
- 奶粉 1/2 匙

B
- 水 90mL
- 酵母 1/2 匙

C
- 黄油 5g

D
- 奶油红豆沙 150g

成品分量：6 个

A

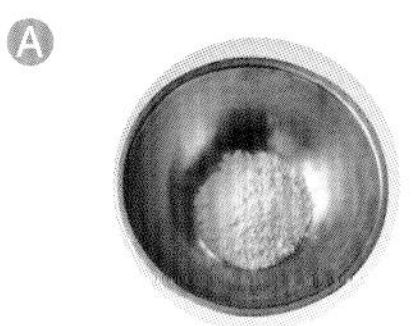
中筋面粉180g

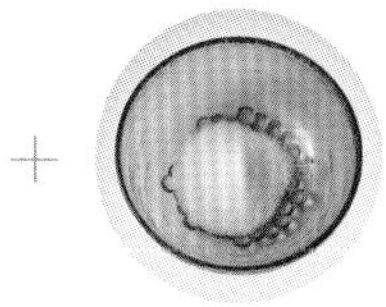
糖15g

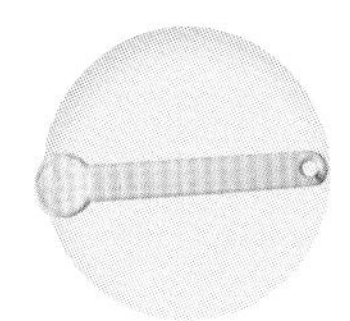
泡打粉1/4匙

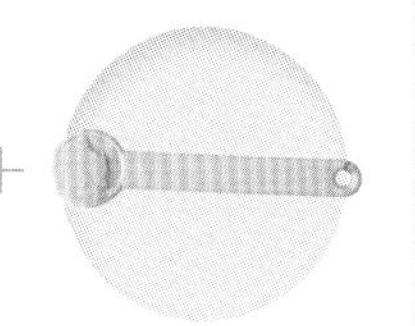
奶粉1/2匙

B

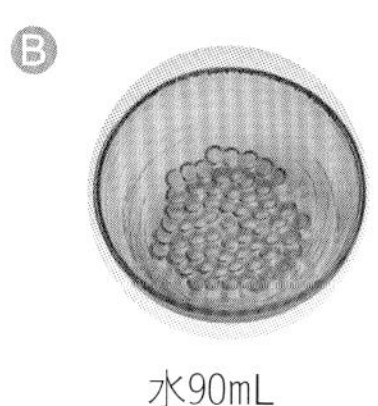
水90mL

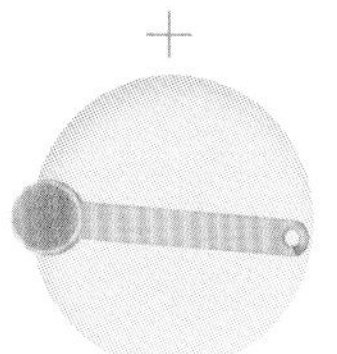
酵母1/2匙

C

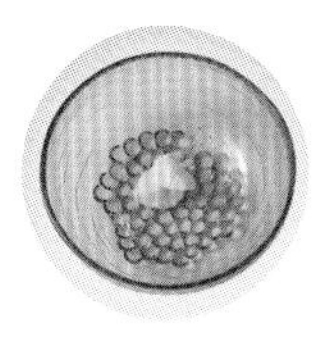
黄油5g

D

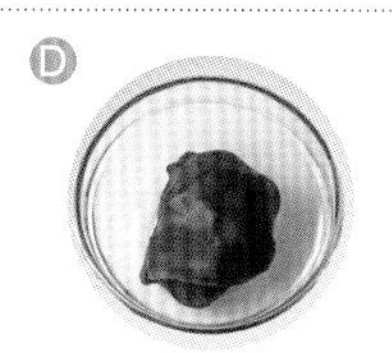
奶油红豆沙150g

做法

1 将材料A（中筋面粉、泡打粉、糖、奶粉）全部依次倒入。

2 倒入材料B（水、酵母）。

3 倒入材料C（黄油）。

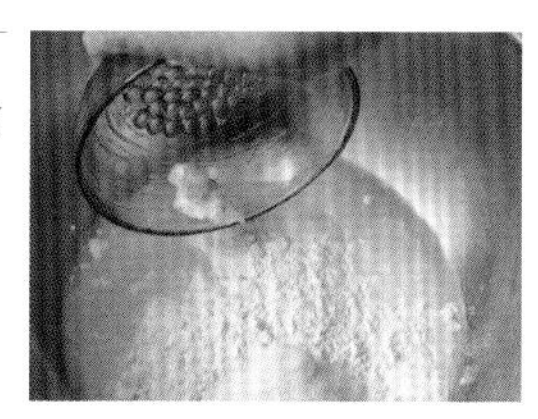

4 将所有的材料用手拌揉成面团。

5 将面团揉成"三光"状态，并松弛10~15分钟。

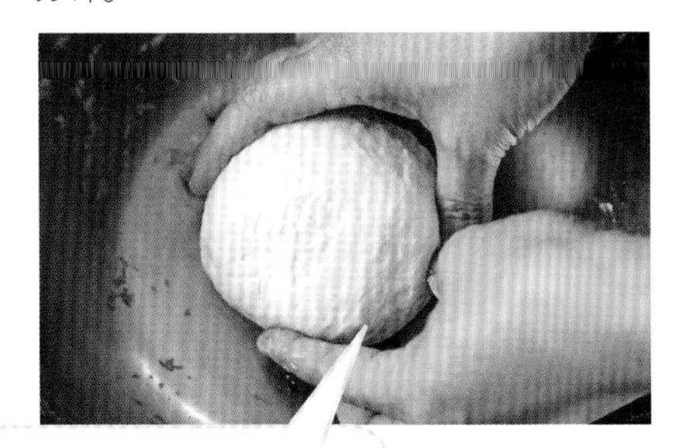

所有中式面食只要揉到三光即可，所谓三光是指手光（不黏手）、桌面光、面团光滑。

6 分割面团，每颗50g。

7 将分割好的面团滚成圆形，松弛10分钟。

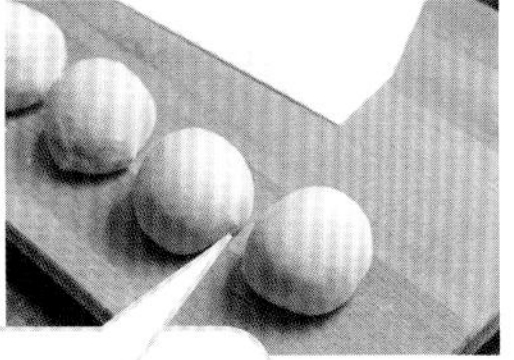

也可以用手抓捏成圆形。

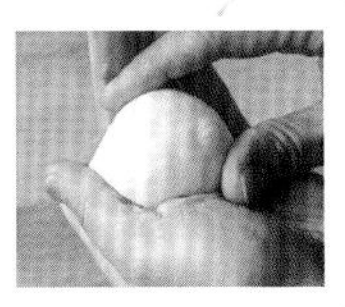

8 分割馅料，每个25g。

9 在桌面先撒上一些粉。

撒粉目的是为了不让面团沾在桌面。

10 先将圆形面团压扁。

11 用擀面棍将面团擀成圆片。

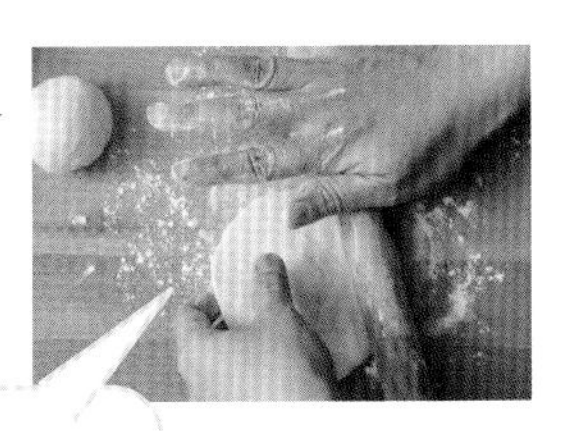

擀的时候沿着边缘擀，让面皮中间厚，边缘薄。

12 包入分割好的馅料。

13 先将一角抓紧。

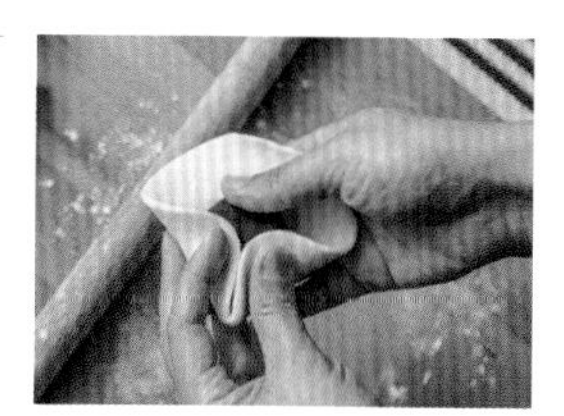

14 另一边再往中心捏紧。

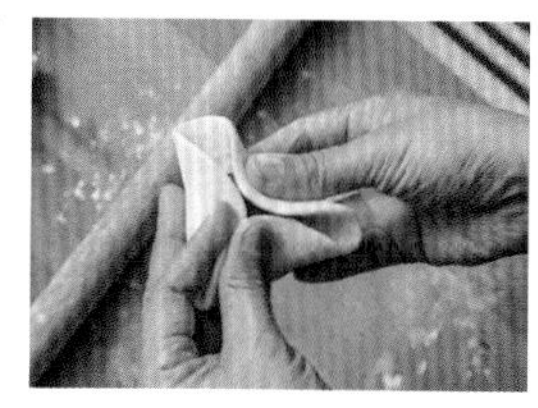

15 最后将三边整形捏紧。

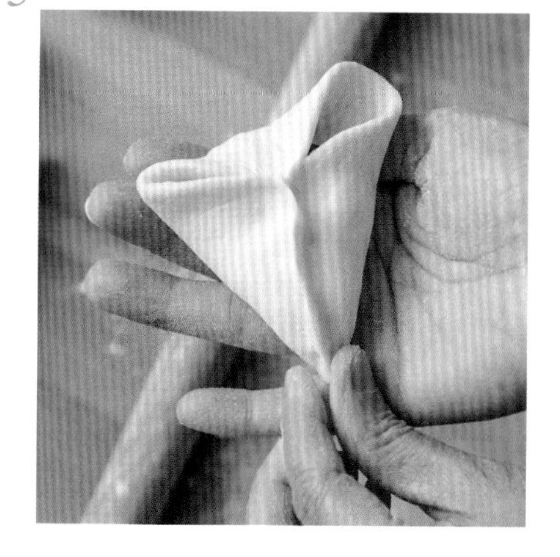

16 包好后放在馒头纸上，蒸12~15分钟即可。

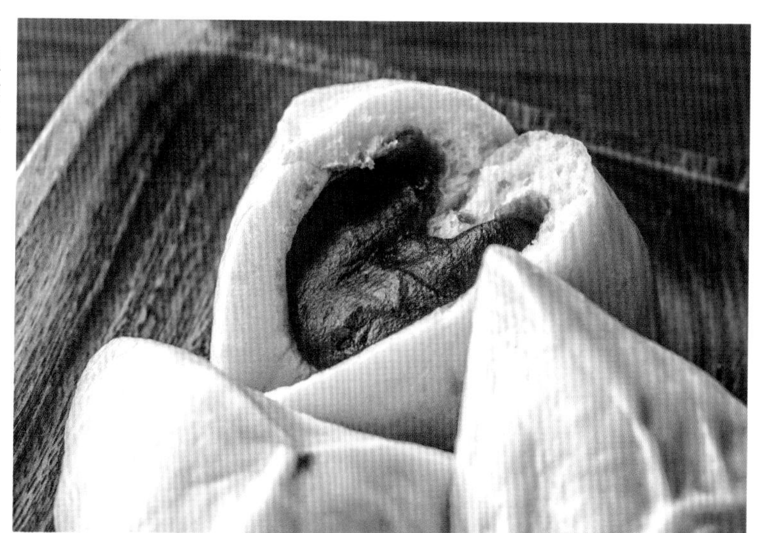

提示

最佳食用期，当天食用风味最佳，冷藏7天（食用时用电锅蒸热更好吃）。

烤箱预热温度，上火200℃、下火160℃，烘烤时间15~20分钟。

29 中式餐点类

烤花卷

材料

中种面团

A

- 中筋面粉 235g

B

- 水 145mL
- 酵母 6g

C

- 中筋面粉 60g
- 奶粉 10g
- 泡打粉 1/2 匙

D

- 糖 35g

E

- 植物油 6g

葱花花卷部分

F

- 葱花适量
- 盐适量

黄油花卷部分

G

- 黄油适量
- 糖适量

表面装饰

H

- 黑白芝麻适量
- 蛋液适量

成品分量：约 15 颗

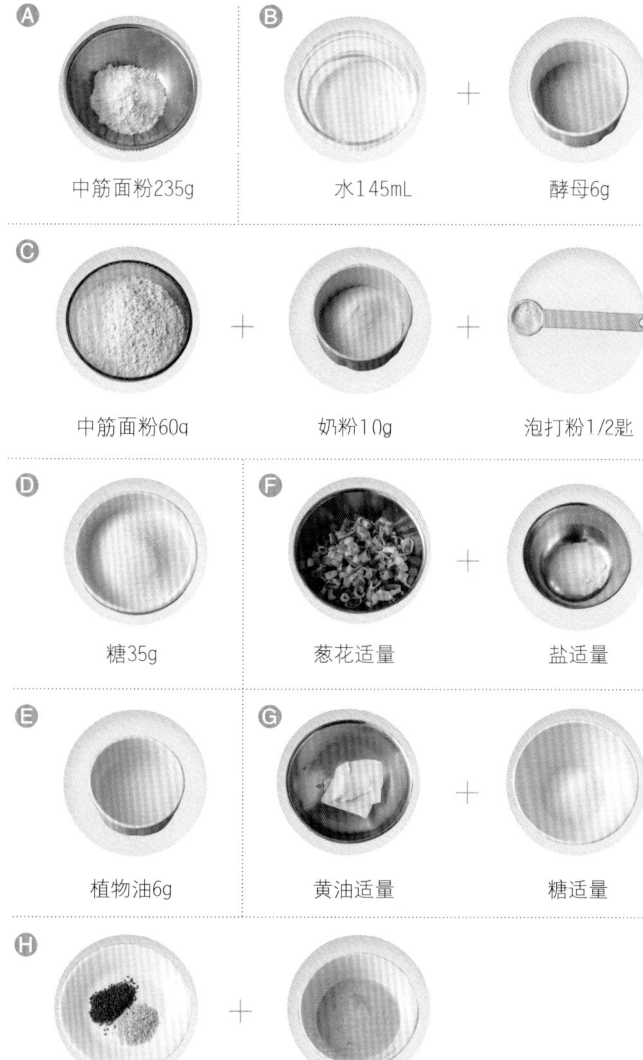

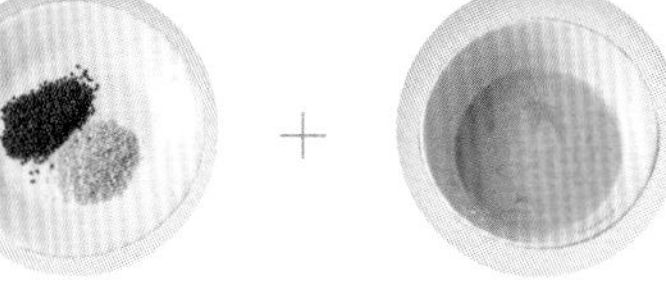

黑白芝麻适量　蛋液适量

做法

1 中种面团制作：将材料B（水、酵母）倒入材料A（中筋面粉）中。

2 将面团揉至表面光滑的“三光”状态，发酵50~60分钟。

所有中式面食只要揉到三光即可，所谓三光是手光（不黏手）、桌面光、面团光滑。

3 主面团制作：将材料D（糖）倒入中种面团。

4 将材料C（中筋面粉、奶粉、泡打粉）倒入中种面团。

5 将材料E（植物油）倒入中种面团。

因为每个品牌的吸水量不同，若在揉的过程中过干，可以加点儿水调整。

6 用手揉至“三光”，并松弛10~15分钟。

如果家里有厨师机，也可以使用厨师机用低速挡揉至“三光”即可。

7 将松弛好的面团擀成长方形或正方形。

【葱花口味（咸）】

8 面皮上抹上一层植物油。

9 平均撒上盐巴。

10 爱吃重口味的或是辣味的可撒上黑胡椒或是一些辣椒粉。

11 撒上葱花。

【黄油口味（甜）】

12 在面团上抹上黄油。

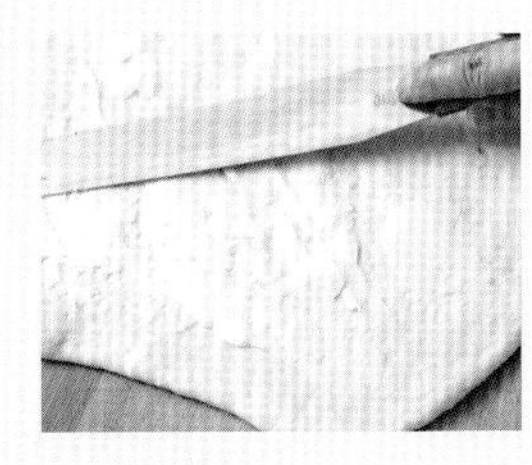

13 平均撒上砂糖，其余步骤跟葱花口味一样。

14 缓缓地卷起。

15 切成约2cm宽的面条。

16 用筷子在中间压成一条直线。

17 将面条拉长。

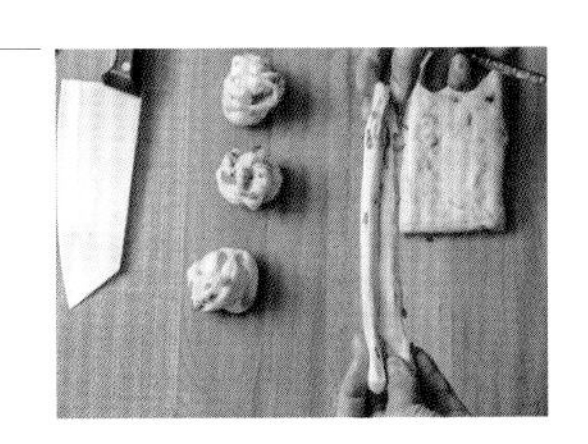

18 用筷子对折。

20 在桌面按压，筷子拉出即可。

19 以顺时针方向拧。

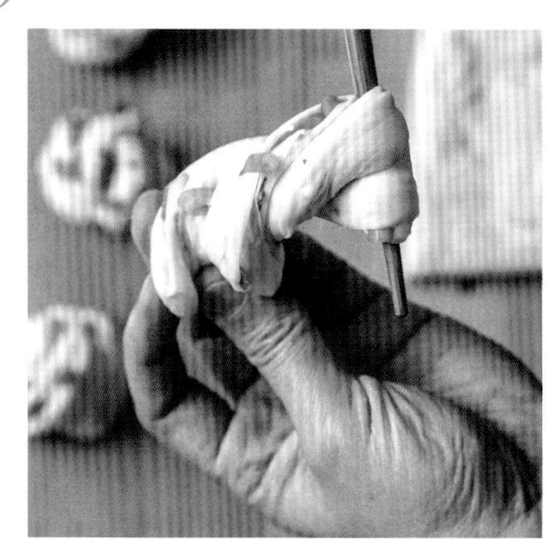

21 放入烤盘上发酵20~30分钟，发酵完后抹上蛋液。

22 撒上少许芝麻装饰即可放入烤箱。烤箱温度上火200℃、下火160℃，烤15~20分钟，表面呈金黄色即可。

30

中式餐点类

奶黄包

提示

最佳食用期，室温1天，冷藏7天。

材料

中种面团

A

- 中筋面粉 180g
- 糖 25g
- 泡打粉 1/8 匙

B

- 水 85mL
- 酵母 1/2 匙

C

- 黄油 5g

内馅

D

- 鲜奶 40g
- 全蛋 25g
- 糖 85g
- 低筋面粉 45g

E

- 黄油 30g

成品分量：8 颗

A

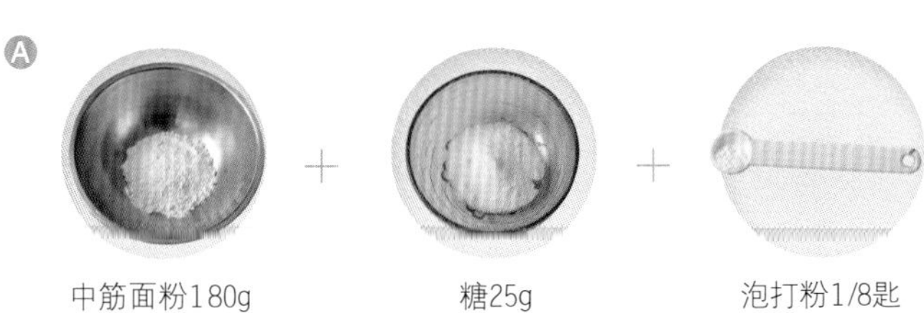

中筋面粉180g　糖25g　泡打粉1/8匙

B

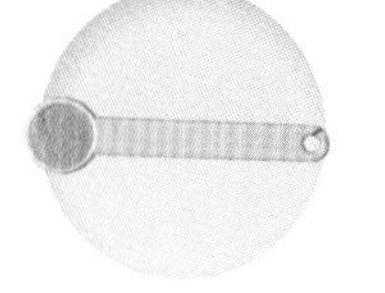

水85mL　酵母1/2匙

C

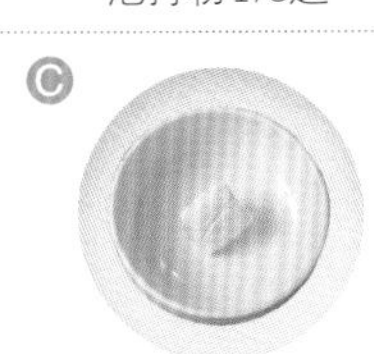

黄油5g

D

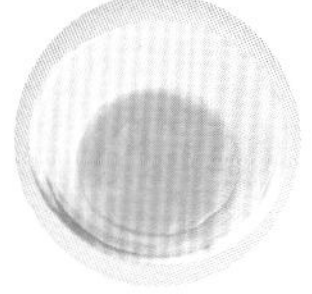

鲜奶 40g　全蛋 25g

糖 85g　低筋面粉45g

E

黄油30g

做法

1 面团制作：将材料A（中筋面粉、糖、泡打粉）放入料理盆中。

2 再将材料B(水、酵母）倒入。

3 用手稍稍拌均匀。

4 加入材料C（黄油）。

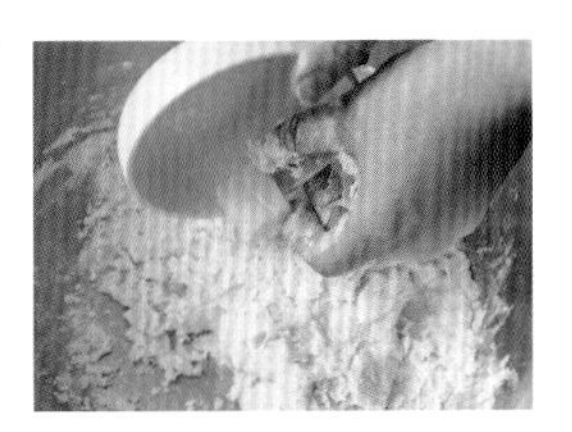

5 揉至面团光滑，并松弛15~20分钟。

6 分割，每颗35g。

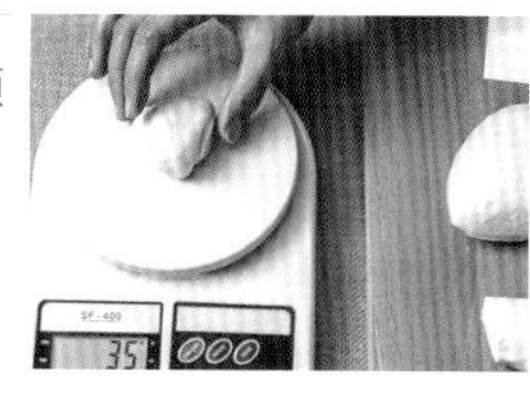

7 整形成圆球状后，再松弛10分钟。

8 馅料制作：将材料D（鲜奶、全蛋、糖、低筋面粉）放入盆中。

在加热搅拌过程中会产生颗粒是正常现象，只要继续搅拌即可。

9 以隔水加热方式用打蛋器搅拌均匀，变成浓稠状。

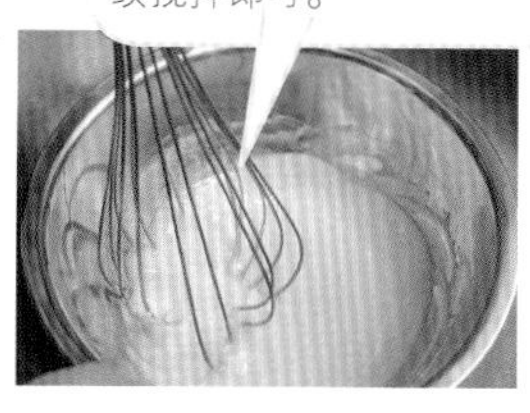

10 再倒入材料E（黄油）拌匀即可。

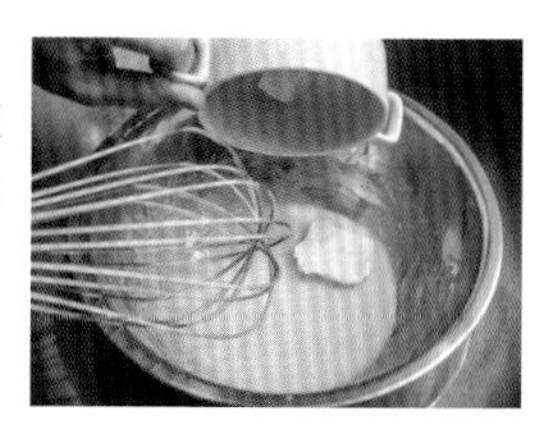

11 组合成型：将面团擀压成圆扁片状。

12 包入馅料。

馅料若是很湿软不好包入，可以先放入冰箱冷冻，再切成块状，较好包入。

13 接口捏紧，发酵5~10分钟后入蒸笼，蒸10~15分钟，即大功告成。

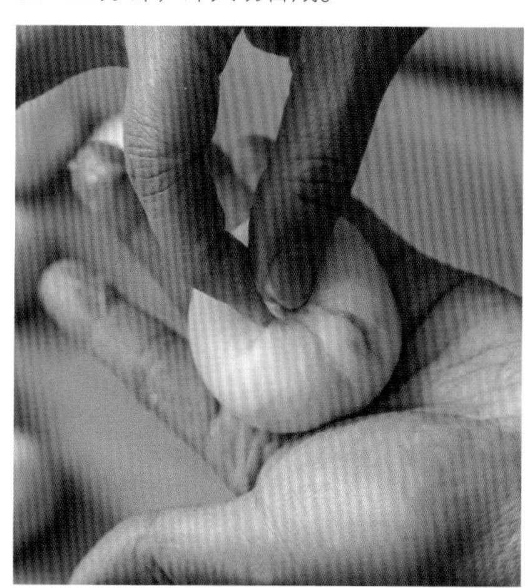

31

中式餐点类

泡菜海鲜煎饼

提示

最佳食用期，当天食用风味最佳。

材料

A
- 中筋面粉 150g
- 糯米粉 60g
- 盐 1 茶匙

B
- 水 240mL

C
- 全蛋 2 颗

D
- 韩式泡菜（切块）适量

E
- 海鲜类（切条汆烫）适量

F
- 洋葱（切条或切丁）适量

G
- 青葱适量

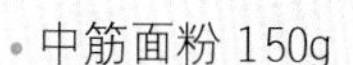

成品分量：2 片

A

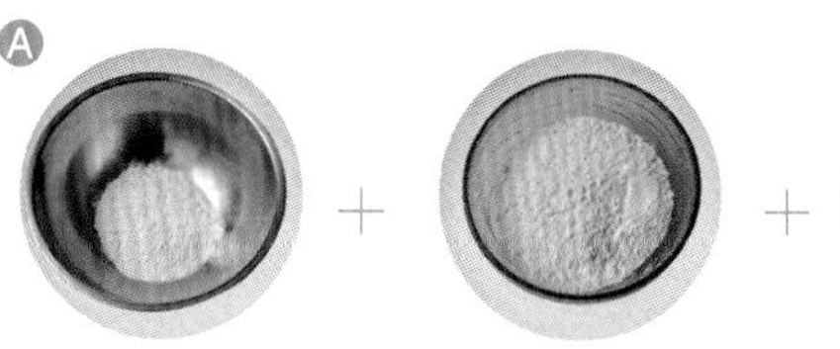

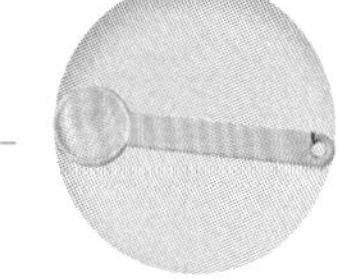

中筋面粉150g　＋　糯米粉60g　＋　盐1茶匙

B

水240mL

C

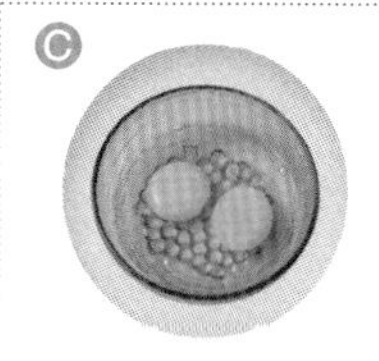

全蛋2颗

D

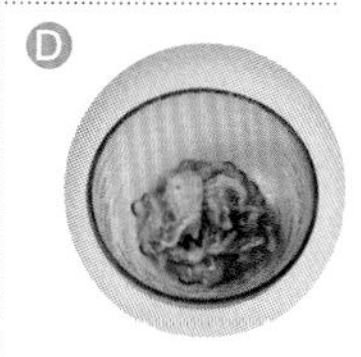

韩式泡菜（切块）适量

E

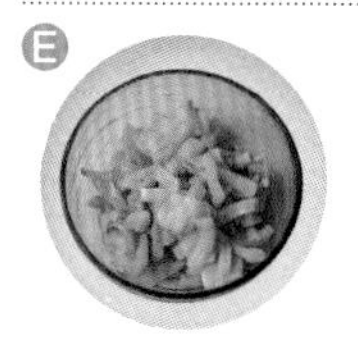

海鲜类（切条汆烫）适量

F

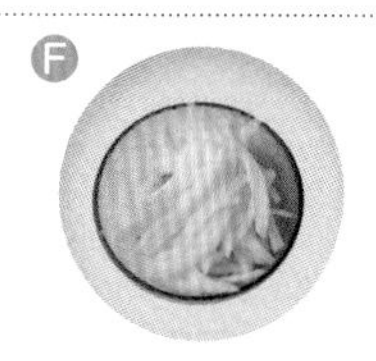

洋葱（切条或切丁）适量

G

青葱适量

做法

1 将材料A（中筋面粉、糯米粉、盐）依次放入料理盆中。

2 加入材料B（水），并用打蛋器拌匀。

3 加入材料C（全蛋）拌匀后静置20~30分钟。

4 配料中的海鲜类切条后先汆烫。

汆烫时间不要过久，海鲜的口感才会好。

5 加入材料D（韩式泡菜）拌匀。

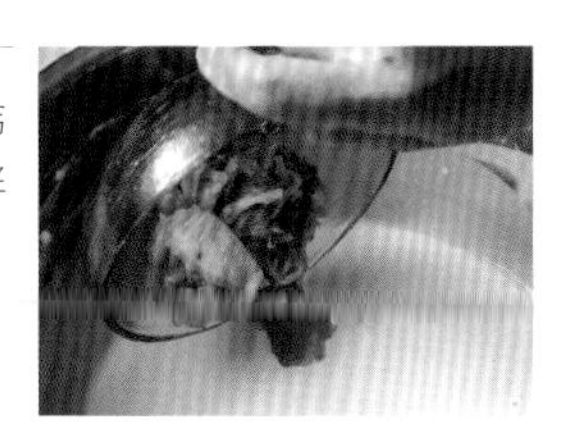

6 加入氽烫过的海鲜。

7 加入材料F（洋葱）。

8 加入材料G（青葱）。

9 搅拌均匀。

10 倒入适量面糊，以28cm平底锅中小火油煎。

如有锅盖，盖锅5分钟后，即可翻面。

11 煎至表面有些凝固后，底部若呈金黄色，即可翻面。

12 翻面后，略煎一下即可起锅上菜。

32 中式餐点类

水煎包

提示

最佳食用期，当天食用风味最佳，冷藏5天。

材料

面皮

A

- 中筋面粉 145g
- 奶粉 5g
- 泡打粉 1/8 匙
- 糖 15g

B

- 水 75mL　• 酵母 1/2 匙

C

- 猪油 5g

内馅

D

- 猪绞肉 75g
- 盐 1/4 匙、胡椒粉 1/4 匙
- 酱油 1 大匙、香油 1 茶匙

E

- 高丽菜 150g
- 红萝卜丝 20g
- 葱花 15g

面粉水

F

- 中筋面粉 5g
- 水 100mL

表面装饰

G

- 熟芝麻适量

成品分量：约 6 个

A

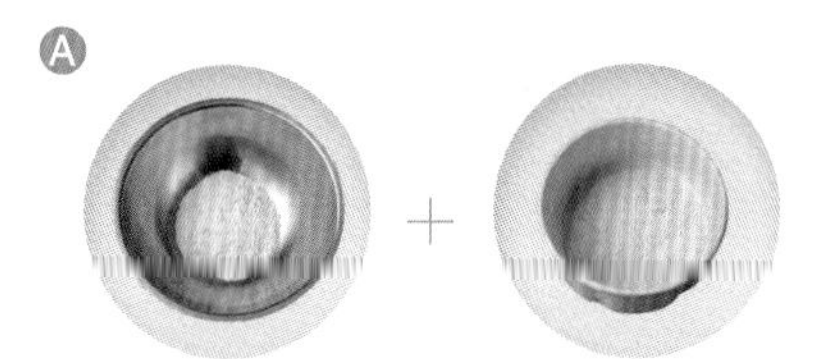

中筋面粉145g　+　奶粉5g

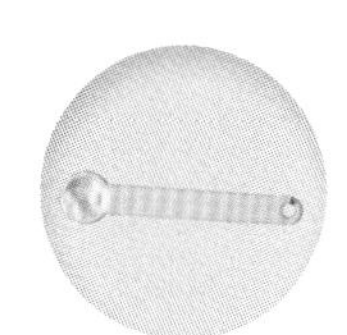

泡打粉1/8匙

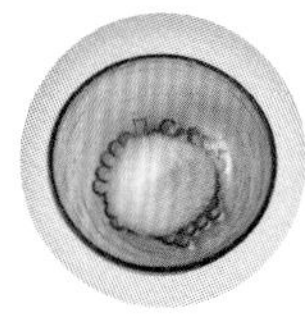

糖15g

B

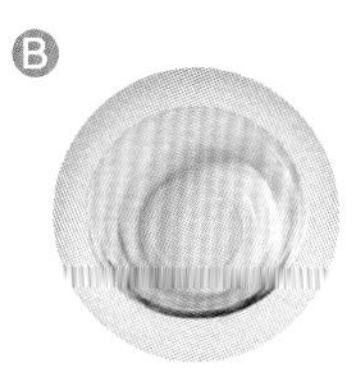

水75mL

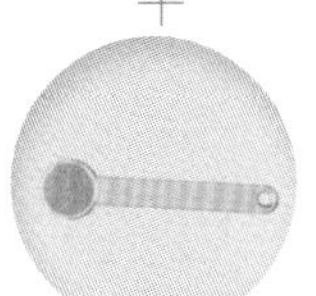

酵母1/2匙

D

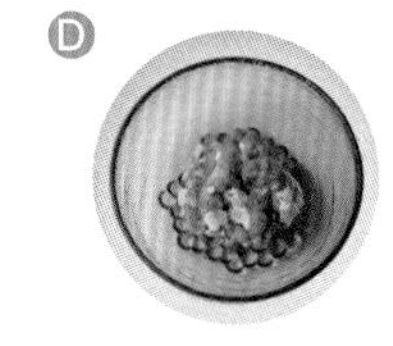

猪绞肉75g

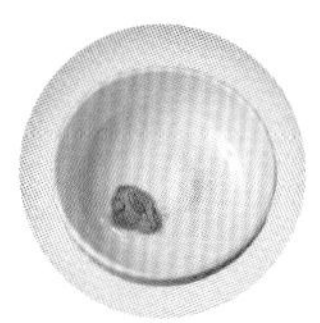

盐1/4匙、
胡椒粉1/4 匙

酱油1大匙、
香油1茶匙

E

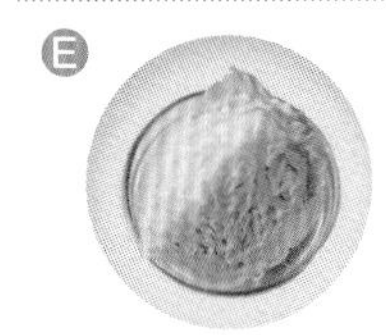

高丽菜150g

红萝卜丝20g

葱花15g

F

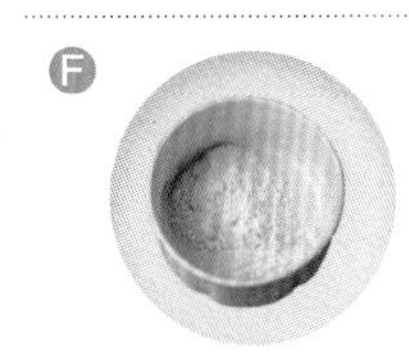

中筋面粉5g

水100mL

C

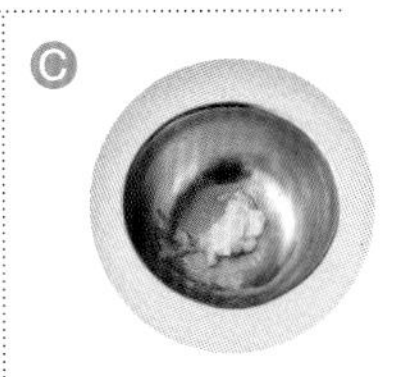

猪油5g

G

熟芝麻适量

做法

1 面皮制作：将材料A（中筋面粉、糖、奶粉、泡打粉）倒入盆中。

2 加入材料B(水、酵母)。

3 拌揉后加入材料C（猪油）。

加入猪油的目的是增加面团的保湿度及柔软度，也可以用黄油或是沙拉油替代。

所有中式面食只要揉到三光即可，所谓三光即手光（不黏手）、桌面光、面团光滑。

4 揉至“三光”，发酵10~15分钟。

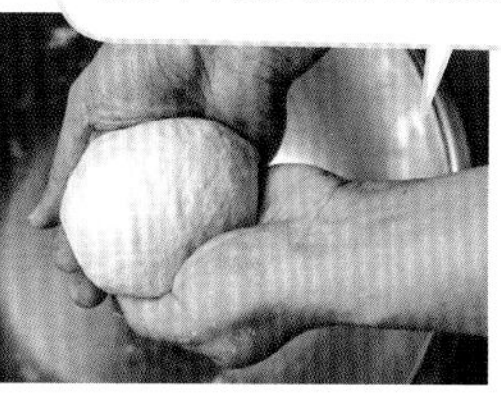

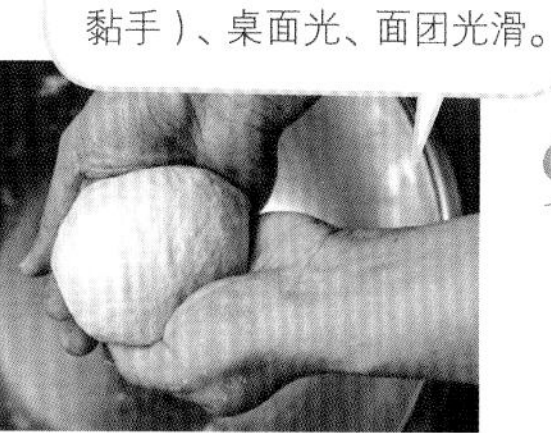

5 将面团分割成6等份，每颗约40g。

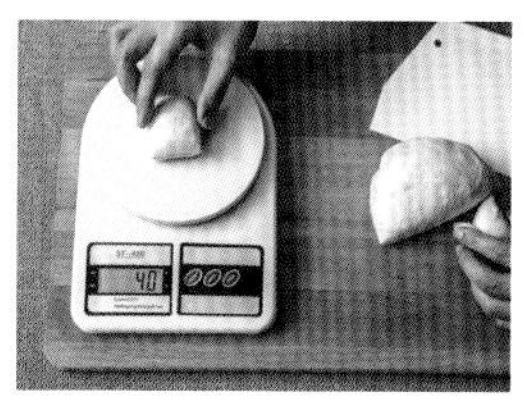

6 内馅制作：先将材料D（猪绞肉、调味料）混合拌匀,腌渍15分钟。

7 将腌渍好的做法6加入材料E（高丽菜、红萝卜丝、葱花）抓拌均匀。

8 组合成型：将分割好的面团擀成圆片。

9 包入馅料。

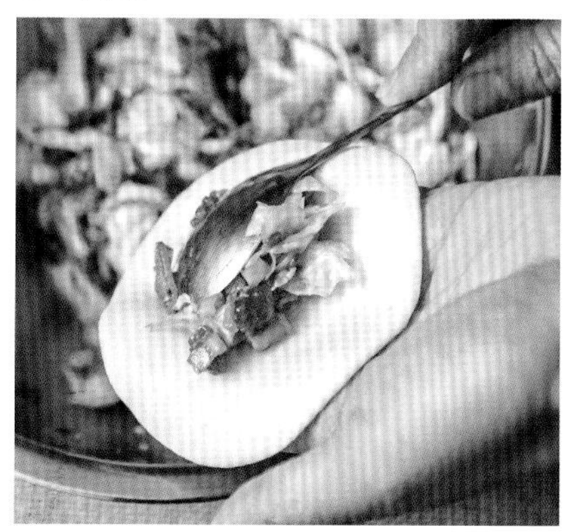

10 整形成有纹路的包子并发酵15分钟。

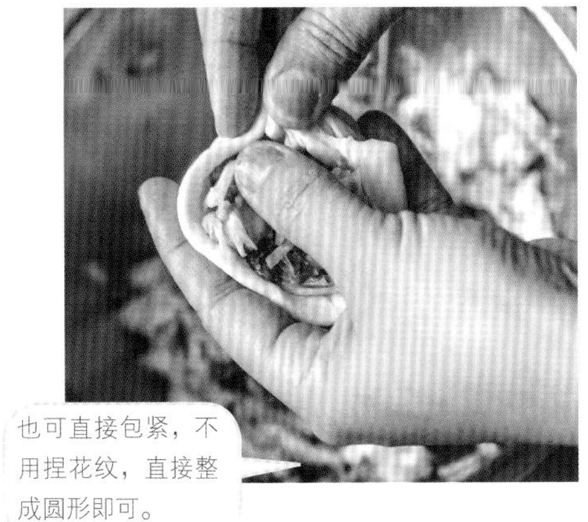

也可直接包紧，不用捏花纹，直接整成圆形即可。

11 平底锅倒入些许沙拉油，放入发酵好的包子。

12 将面粉水加入锅中，水量加到包子高度的一半。

将面粉加水拌匀成面粉水。

13 盖上锅盖，用中小火煎到水干，底部有一层酥脆片状。

14 起锅前，撒上熟芝麻即可。

33
中式餐点类
酸菜包
提示
最佳食用期，当天食用风味最佳，冷藏7天。

材料

面团

A
- 高筋面粉 230g
- 低筋面粉 30g
- 糖 20g
- 盐 1/4 匙
- 奶粉 25g
- 泡打粉 1/4 匙

B
- 蛋液 20g

C
- 水 125mL
- 酵母 1/2 匙

D
- 黄油 20g

馅料

E
- 酸菜 160g
- 蒜头 10g

F
- 绞肉 30g

表面装饰

G
- 面包粉适量

成品分量：8~9 个

A

高筋面粉230g + 低筋面粉30g + 糖20g

盐1/4匙 + 奶粉25g + 泡打粉1/4匙

B

蛋液20g

C

水125mL + 酵母1/2匙

D

黄油20g

E

酸菜160g + 蒜头 10g

F

绞肉30g

G

面包粉适量

做法

1 面团制作：将材料A（高筋面粉、低筋面粉、糖、盐、泡打粉、奶粉）所有材料倒入盆中。

2 加入材料B（蛋液）。

3 加入材料C（水、酵母）。

4 用手搅拌均匀。

5 加入材料D（黄油）。

6 揉到出筋后发酵50分钟。

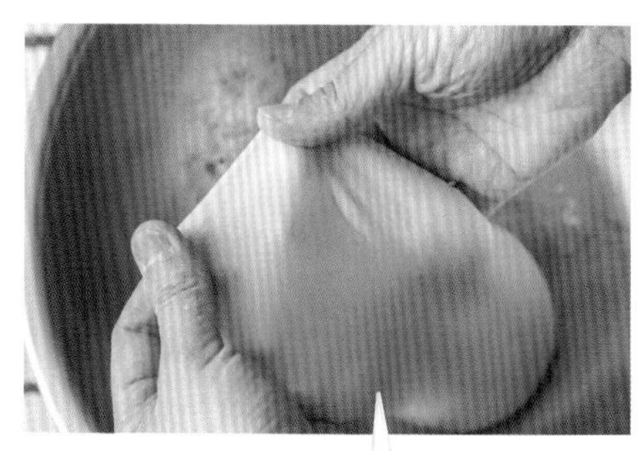

所谓的面团出筋，即将面团揉至光滑后，轻轻拉扯会有一层像丝袜一样的薄膜产生。

7 将发酵好的面团分割，每颗重50g。

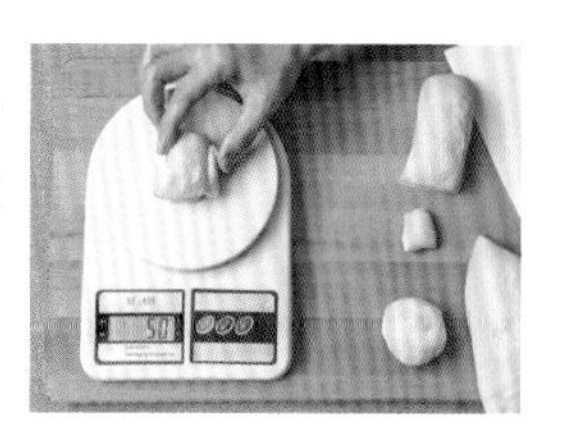

8 滚圆后再松弛整形10~15分钟。

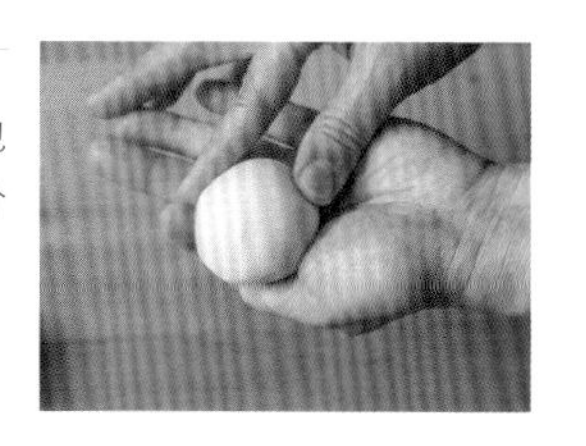

9 馅料制作：蒜头切碎爆香。

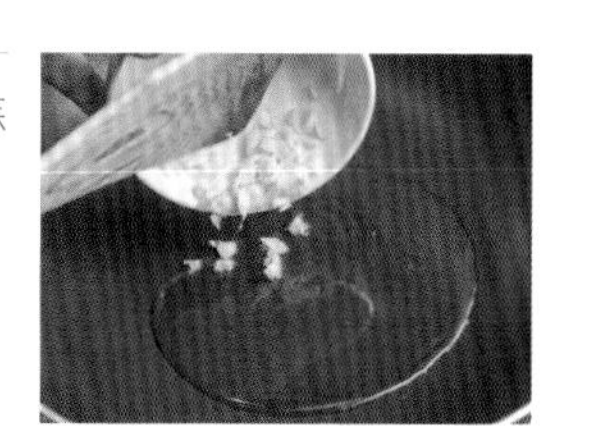

10 加入绞肉炒干。

11 加入酸菜拌炒。

12 加入调味料调味即可。

13 组合成型：将面团用擀面棍擀出圆片状。

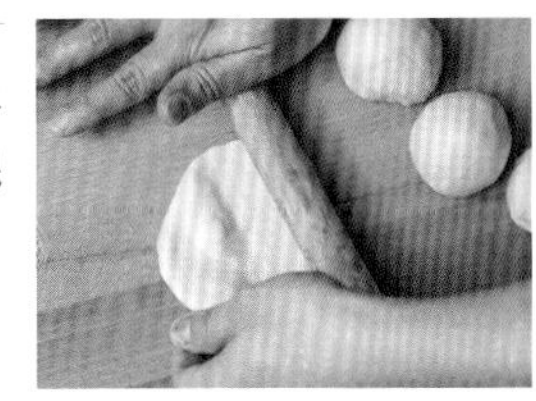

14 内馅每颗重20g。

15 包入炒好的酸菜内馅，松弛5~10分钟。

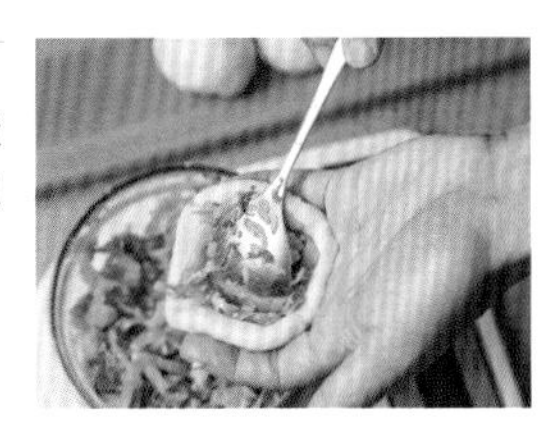

16 将包好的面团蘸水。

17 沾面包粉。

18 入锅油炸。

19 炸至金黄色即可起锅。

34 中式餐点类 韭菜盒子

提示

最佳食用期，当天食用风味最佳。

材料

面皮

A
- 中筋面粉 300g
- 盐 1/8 匙

B
- 沸水 150mL

C
- 冷水 60mL

馅料

D
- 韭菜切段 200g

E
- 泡软粉丝 适量

F
- 蛋皮切丝（2 颗全蛋）

G
- 虾米 10g

H
- 胡萝卜丝 适量

I
- 盐 1/2 匙、胡椒粉适量

J
- 酱油 2 大匙、香油 1 大匙

成品分量：约 10 个

A

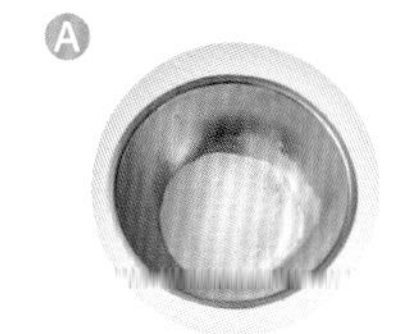

中筋面粉300g + 盐1/8匙

B

沸水150mL

C

冷水60mL

D

韭菜切段200g

E

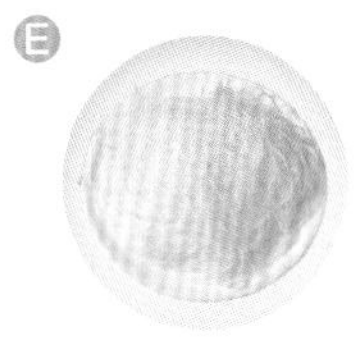

泡软粉丝 适量

F

蛋皮切丝（2颗全蛋）

G

虾米10g

H

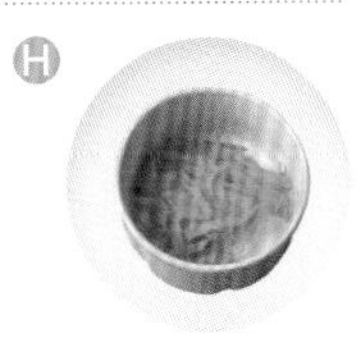

胡萝卜丝 适量

I

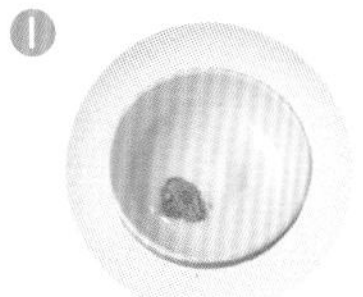

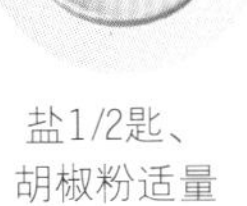

盐1/2匙、胡椒粉适量

J

酱油2大匙、香油1大匙

做法

1 面皮制作：将材料B（沸水）冲入材料A（中筋面粉、盐）中。

沸水即将水煮至100℃沸腾的水。

2 用擀面棍搅拌均匀。

3 加入材料C（冷水）。

4 将面团揉至“三光”后松弛15~20分钟。

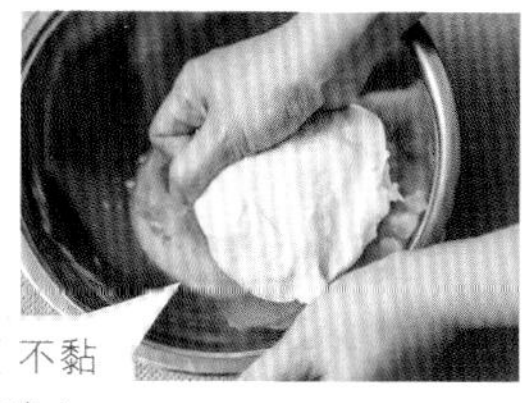

所谓的三光即手光（不黏手）、桌面光（器具干净）、面团光滑。

5 将松弛好的面团分割，每个重45g。

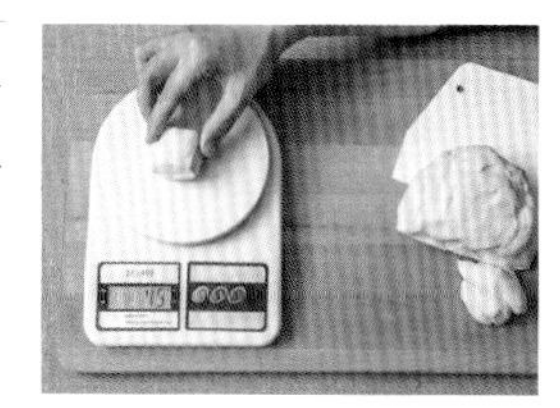

6 馅料制作：将馅料材料依次倒入盆中。

7 加入材料I、J（调味料）。

8 拌匀即可。

9 组合成型：将分割好的面团擀成圆片状。

为了防止在擀时面团黏在桌面上，可以撒点儿面粉于桌面，但不要撒太多。

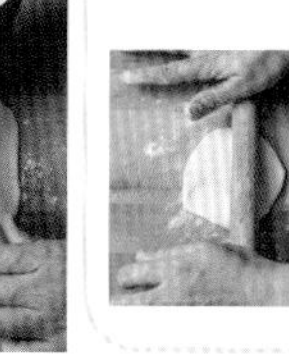

10 放入馅料。

11 包起。

12 接口处压紧即可。

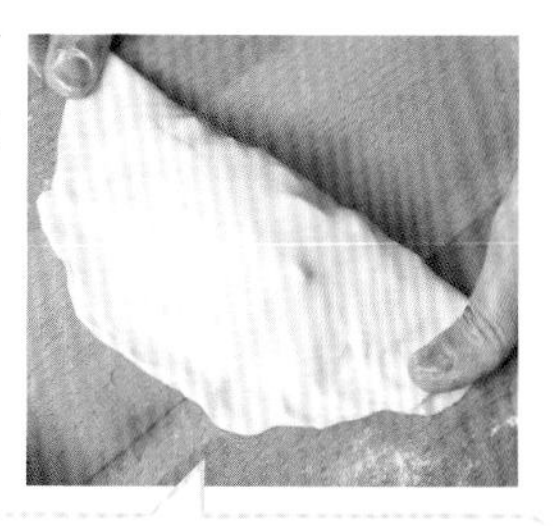

若接口处不平整，可用碗沿着边缘处切齐。

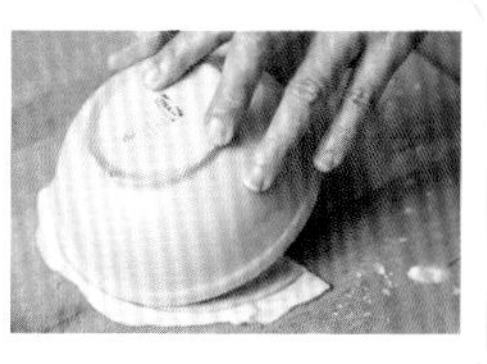

13 入锅煎至两面呈金黄色即可。

35

中式餐点类

葱仔饼

提示

最佳食用期，现煎好的当天食用风味最佳，还没下锅煎的生面团可放冰箱1个月。

材料

面皮

A

- 中筋面粉 250g
- 泡打粉 1/4 匙
- 盐 1/2 匙

B

- 冷水 125mL

C

- 冷水 50mL

D

- 猪油 10g

馅料

E

- 葱花 200g
- 猪油适量
- 胡椒粉适量

F

- 沙拉油适量

成品分量：4 个

A

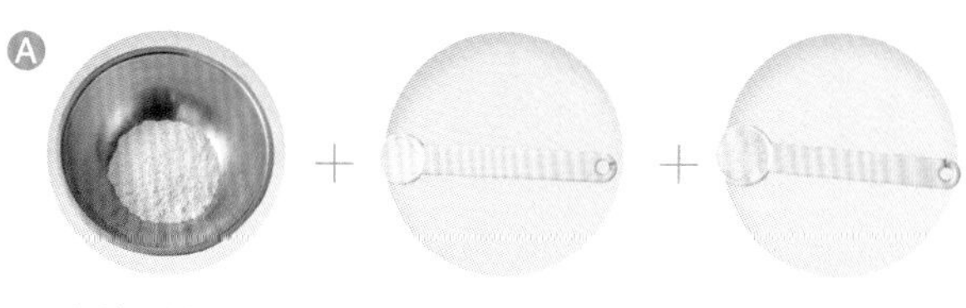

中筋面粉250g + 泡打粉1/4匙 + 盐1/2匙

B

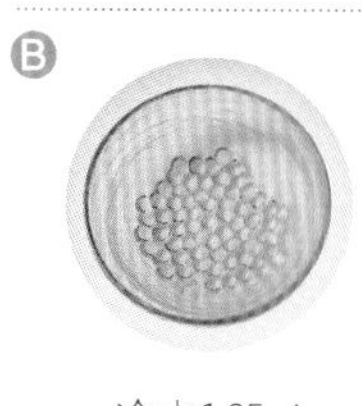

冷水125mL

C

冷水50mL

D

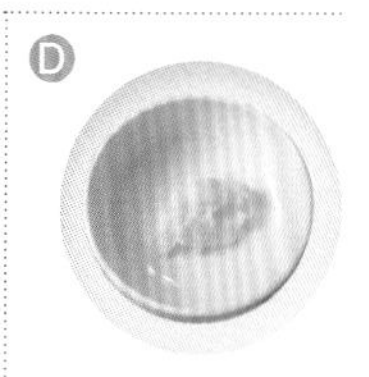

猪油10g

E

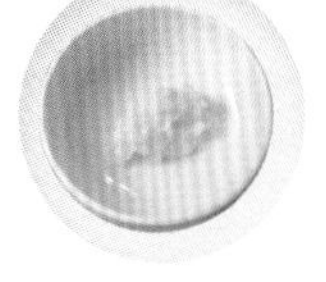

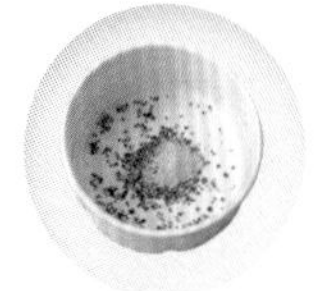

葱花200g + 猪油适量 + 胡椒粉适量

F

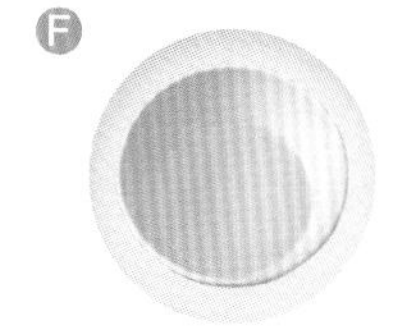

沙拉油适量

做法

1 面皮制作：将材料B（冷水）煮沸。

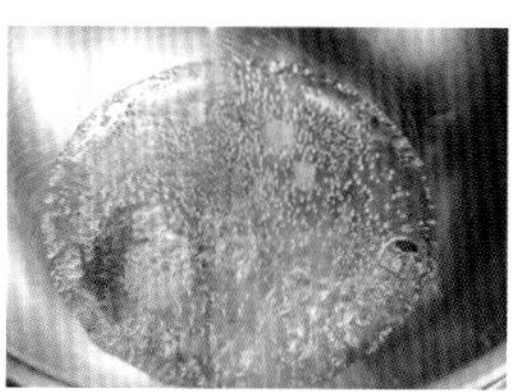

2 沸水冲入材料A（中筋面粉、泡打粉、盐）中。

3 用擀面棍搅均匀，搅拌成雪花状。

4 再倒入材料C（冷水）拌揉均匀。

5 加入材料D（猪油）。

6 将面团揉至“三光”。

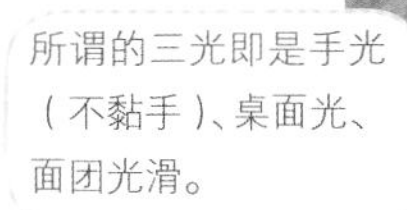

所谓的三光即是手光（不黏手）、桌面光、面团光滑。

7 让面团松弛20～30分钟后，分割面团，每颗重100g。

若还有剩余的面团，再平均放入分割好的面团中，就不会浪费材料。

8 整形成圆球状，并松弛10分钟。

9 内馅制作：将馅料材料E（葱花、猪油、胡椒粉）拌匀。

10 手上抹上一些沙拉油，沾在分割好的面团上。

11 面团用手指压扁。

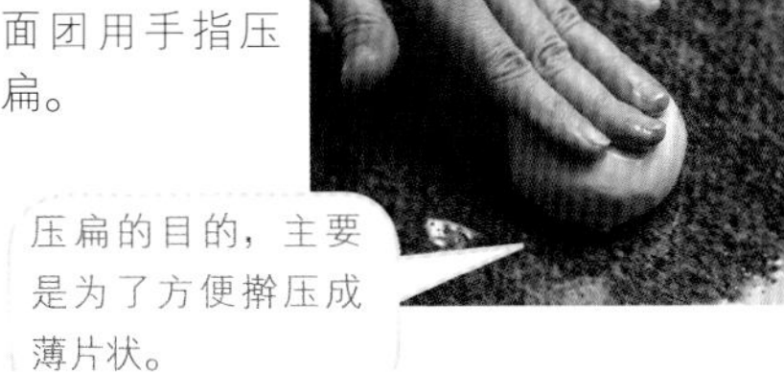

压扁的目的，主要是为了方便擀压成薄片状。

12 擀成长方形薄片。

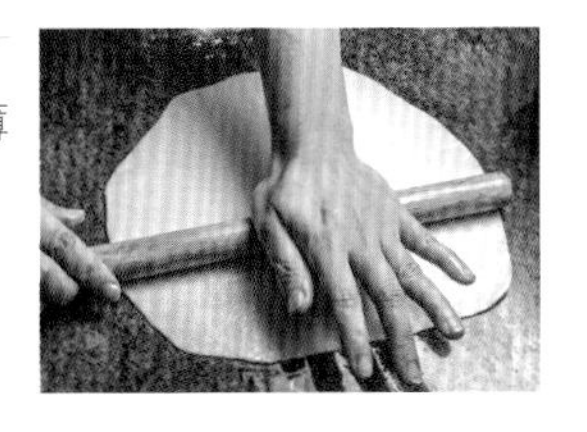

13 在面皮上再抹上一层沙拉油。

14 将做法9拌好的葱花，平均铺撒在面皮上。

15 卷起呈长条状，并松弛10~15分钟。

16 将卷成长条的面条轻轻甩拉变长。

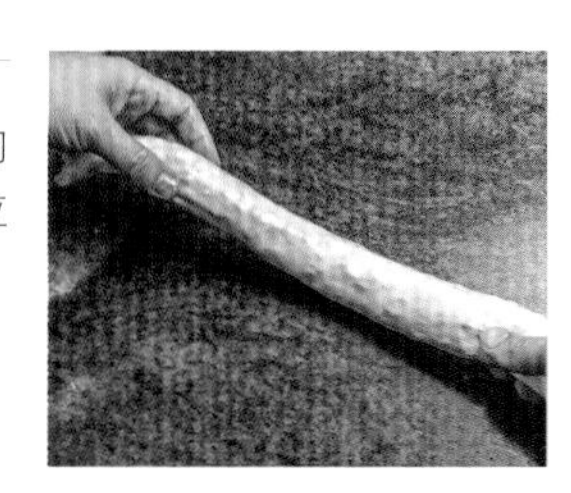

17 将一边往内卷起。

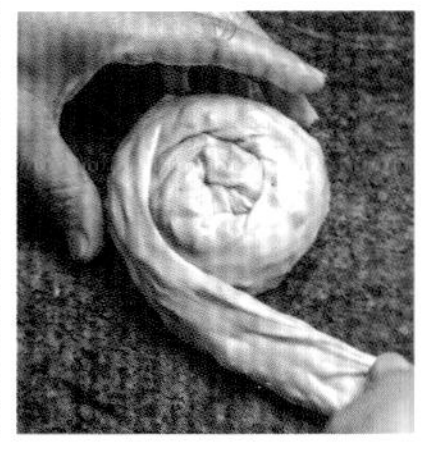

18 卷到最后将后面一小段塞在底部。

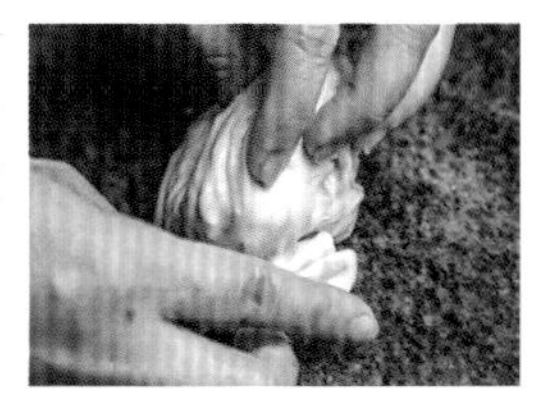

19 生面团葱仔饼完成。

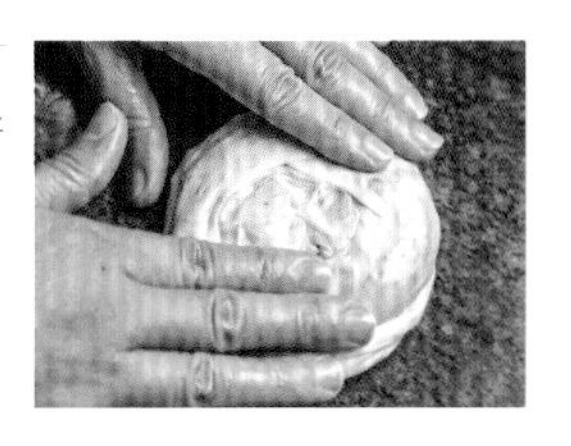

20 下煎锅中火煎至两面呈金黄色即可。

36

中式餐点类

葱花大饼

提示

最佳食用期，室温密封保存3天，冷藏10天。

材料

中种面团

A

- 中筋面粉 125g

B

- 水 200mL
- 酵母 1/8 匙

主面团

C

- 水 120mL
- 盐 6g
- 中筋面粉 300g

馅料

D

- 葱花适量

E

- 沙拉油适量

成品分量：
一大块圆片，可切成 8 等份

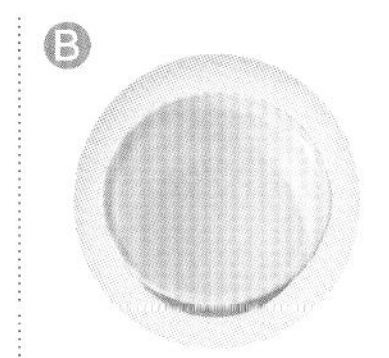

中筋面粉125g

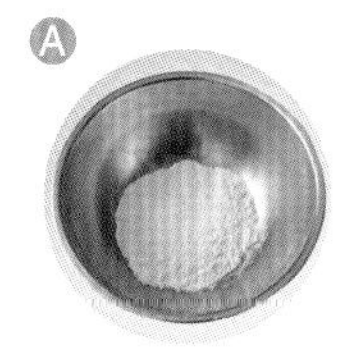

水200mL

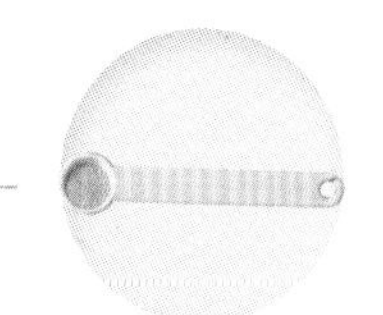

酵母1/8匙

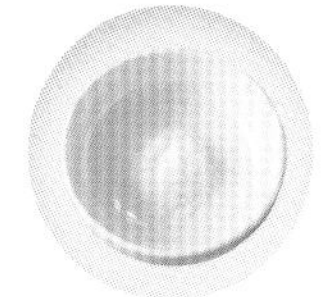

水120mL

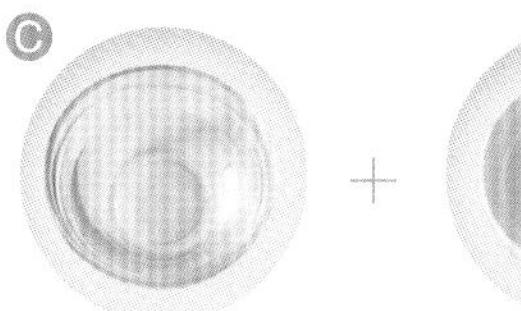

盐6g

中筋面粉300g

葱花适量

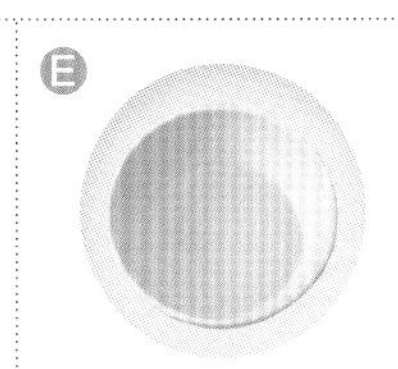

沙拉油适量

做法

1 将材料B（水、酵母）倒入材料A（中筋面粉）中拌匀，发酵3~4小时。

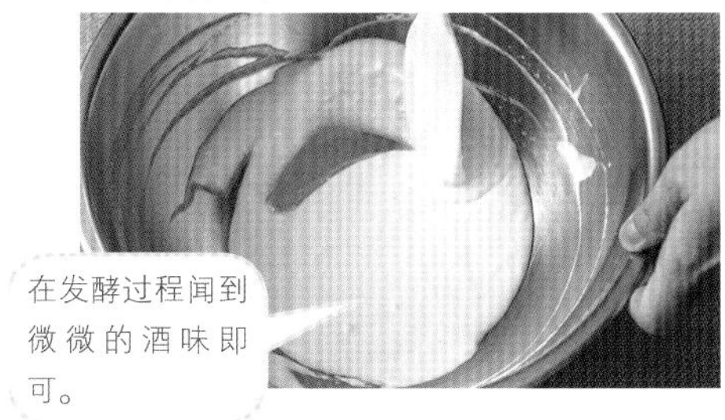

在发酵过程闻到微微的酒味即可。

2 将材料C（中筋面粉、水、盐）加入发酵好的做法1中，揉至“三光”，整成圆形，发酵20~30分钟。

基本上所有中式面食只要揉到三光即可，所谓三光就是手光（不黏手）、桌面光、面团光滑。

3 将发酵好的面团压扁，用擀面棍擀成长方形。

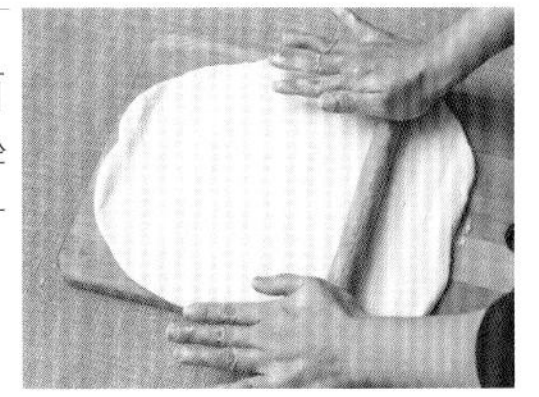

4 擀好之后，在面皮上涂抹沙拉油。

5 平均铺上葱花。

若喜爱味道重一点儿，可在葱花上面撒上一些黑胡椒粒。

7 再以中心点往外盘绕呈蜗牛壳状。

6 卷起呈长条状。

8 将末端塞在底下松弛15~20分钟。

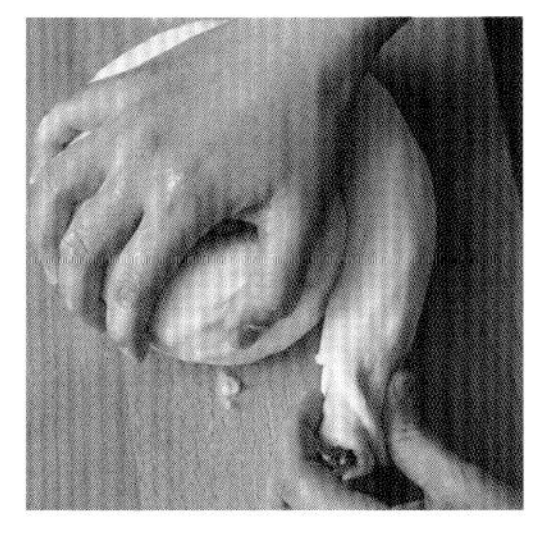

9 用28cm不沾平底锅干烙两面至金黄色即可，一般要30~35分钟。

37
中式餐点类
烧卖
提示
最佳食用期，当天食用风味最佳。

材料

面皮

A

- 中筋面粉 65g

B

- 沸水 26mL

C

- 冷水 14g

内馅

D

- 绞肉 100g

E

- 香菇末 10g

F

- 虾米 5g

G

- 姜末 5g

H

- 盐 1/4 匙

I

- 酱油 1/4 匙、水 1 大匙、香麻油 1 大匙

J

- 葱花 20g

成品分量：10 个

A

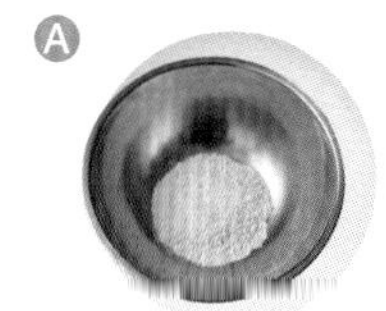

中筋面粉65g

B

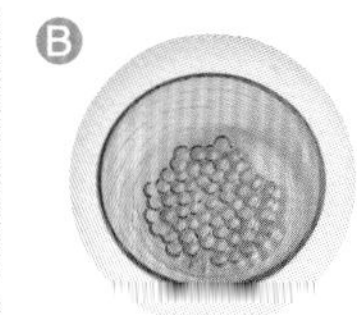

沸水26mL

C

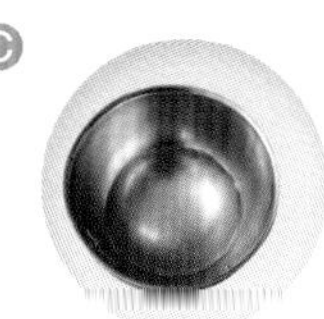

冷水14g

D

绞肉100g

E

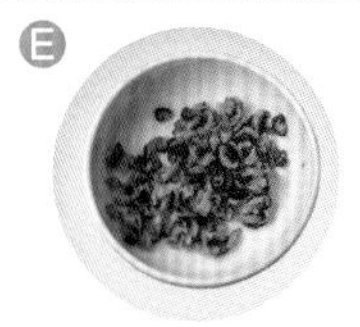

香菇末10g

F

虾米5g

G

姜末5g

H

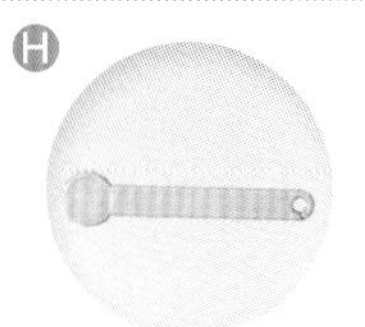

盐1/4匙

I

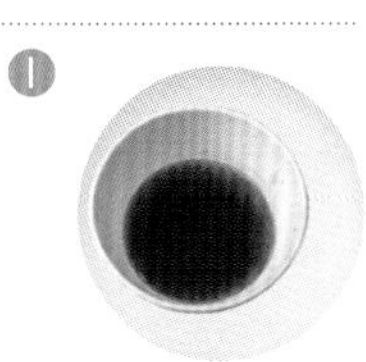

酱油1/4匙、水1大匙、香麻油1大匙

J

葱花20g

做法

1 面皮制作：将材料B（沸水）冲入材料A（中筋面粉）中。

沸水的定义即100℃的热水。

2 用擀面棍搅拌均匀。

3 加入材料C（冷水）。

4 用手将面团揉至“三光”，松弛10分钟。

所谓的三光即是手光（不黏手）、桌面光、面团光滑。

5 分割10个面团，每个约10g，松弛10~15分钟。

6 馅料制作：将内馅材料D、E、F、G、H、I依次加入。

7 搅拌均匀，腌渍20~30分钟。

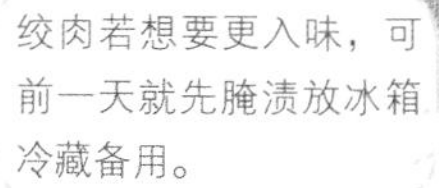

绞肉若想要更入味，可前一天就先腌渍放冰箱冷藏备用。

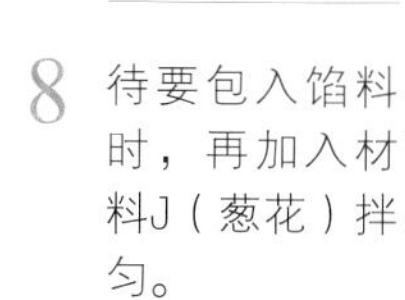

8 待要包入馅料时，再加入材料J（葱花）拌匀。

9 组合成型：把面团擀成圆片状（越薄越好）。

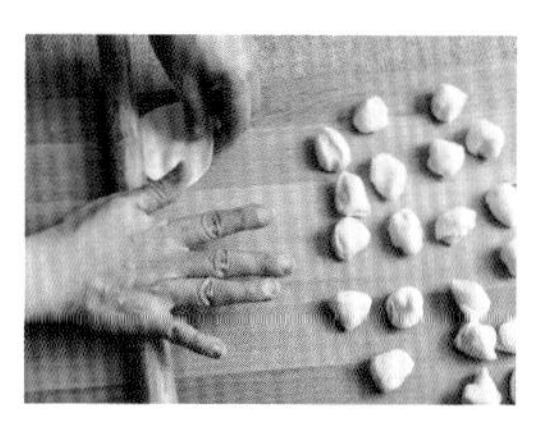

10 包入馅料。

11 用虎口处轻轻捏起。

12 用汤匙轻压。

13 整形，放入蒸笼中，大火蒸10~12分即可起锅。

38 中式餐点类

面煎粿

提示

最佳食用期，室温密封保存2天，冷藏10天。

材料

面皮

A

- 全蛋 1 颗　• 砂糖 50g

B

- 沙拉油 30g

C

- 水 120mL

D

- 低筋面粉 150g

E

- 泡打粉 1/2 匙

F

- 苏打粉 1/8 匙

内馅

G

- 芝麻粉 1 大匙

H

- 花生粉 1 大匙

I

- 黑糖 2 大匙

成品分量：1 份 2 片

A

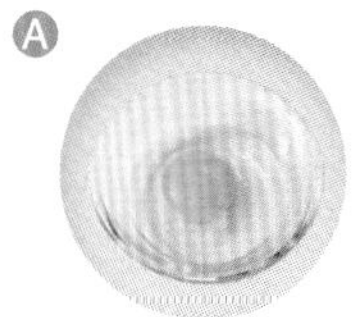

全蛋1颗

+

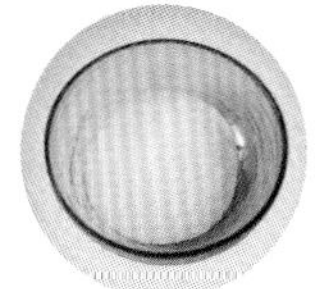

砂糖50g

B

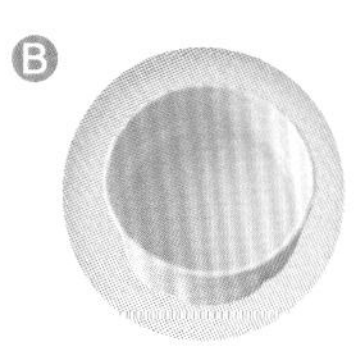

沙拉油30g

C

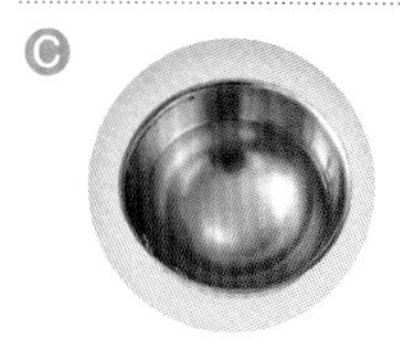

水120mL

D

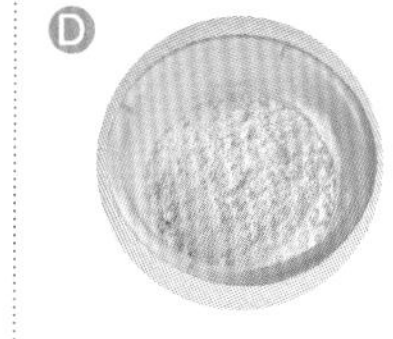

低筋面粉150g

E

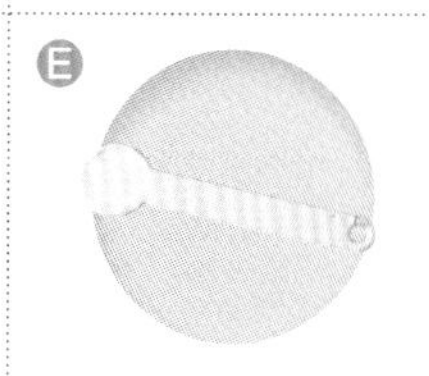

泡打粉1/2匙

F

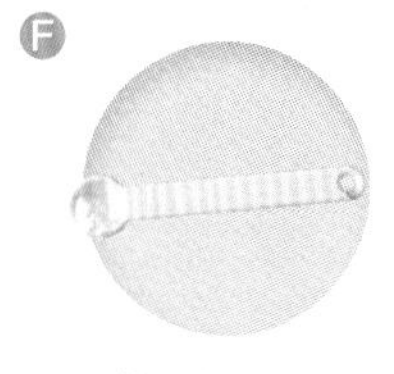

苏打粉1/8匙

G

芝麻粉1大匙

H

花生粉1大匙

I

黑糖2大匙

做法

1 面皮制作：将材料A（全蛋、砂糖）打发成乳白色状。

2 加入材料B（沙拉油）拌匀。

3 加入材料C(水)拌匀。

4 将材料D(低筋面粉)过筛加入，拌匀，松弛15~20分钟。

5 内馅制作：将材料G(芝麻粉)、H(花生粉)、I(黑糖)加入，搅拌均匀即可。

想吃单一口味，例如芝麻口味，就将芝麻粉加入2大匙，花生粉就不用加，如果吃得比较清淡，黑糖可以改成糖粉1大匙。

6 将锅加热，倒入面糊入煎锅。

7 煎至面糊上有很多的小气孔。

8 将拌好的内馅铺入面糊的一半。

9 对折后起锅即可。

39 芋头糕

中式餐点类

提示

最佳食用期，冷藏5天。

材料、器具

芋头糕

A
- 粘米粉 250g

B
- 水 750mL

C
- 芋头 200g

D
- 碎虾米 20g

E
- 火腿丁 25g

F
- 油葱酥适量

G
- 糖 10g

H
- 盐 10g

I
- 胡椒粉适量

J
- 香麻油 8g

器具

K
- 长条铝模

成品分量：2 条

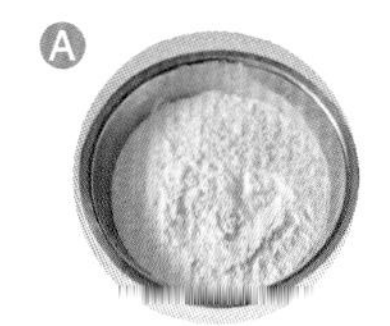
A 粘米粉250g

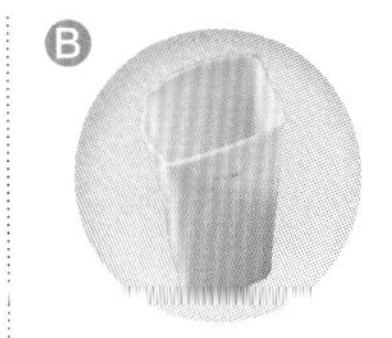
B 水750mL

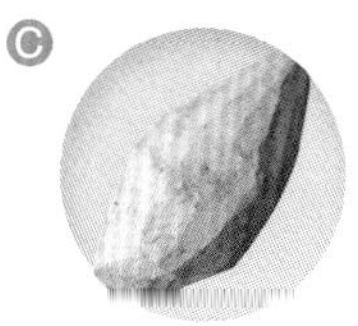
C 芋头200g

D 碎虾米20g

E 火腿丁25g

F 油葱酥适量

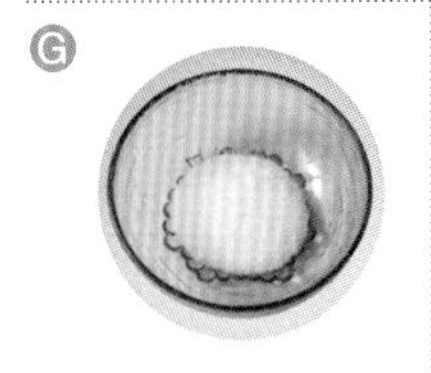
G 糖10g

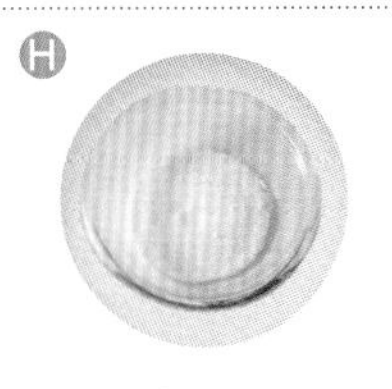
H 盐10g

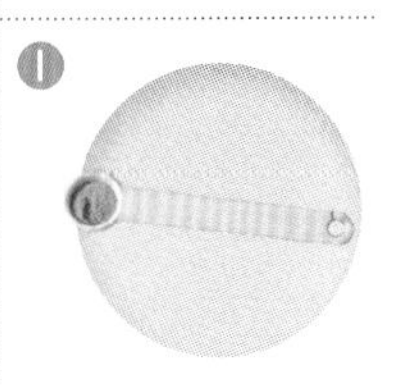
I 胡椒粉适量

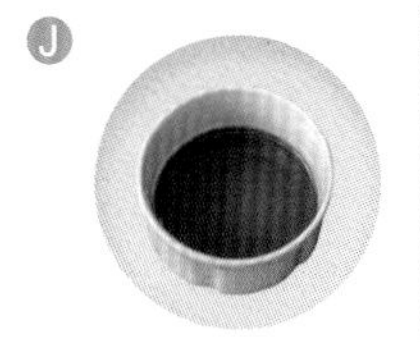
J 香麻油8g

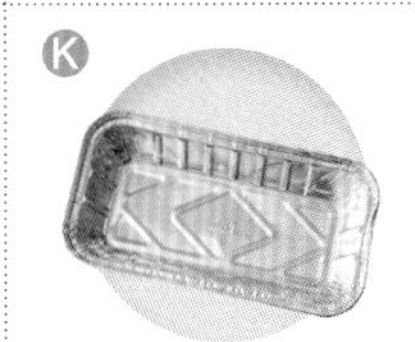
K 长条铝模

做法

1 材料C（芋头）切丁备用。

2 材料D（碎虾米）洗净备用。

3 将材料J（香麻油）放入锅中加热，倒入材料D（碎虾米）炒香。

开中小火，大火很容易炒焦。

4 倒入材料C（芋头丁）。

5 继续拌炒。

6 加入些许水拌炒。

因为芋头很容易吸水，所以一边拌炒时，要适时地加入水，以防炒焦。

7 加入材料G（糖）。

8 加入材料H（盐）。

9 加入材料I（胡椒粉）。

10 加入材料E（火腿丁）。

11 先倒入一半的材料B（水）煮至微滚。

12 另一半的材料B（水）与材料A（粘米粉）拌匀。

13 拌匀的粘米水倒入微滚的锅中。

一边倒入一边搅拌，拌到一半时关火，一直搅拌到水全部变成糊状。

15 装入长条铝模中。

14 倒入材料F（油葱酥）拌匀。

可以加一点儿酱油提色，色泽跟味道会更棒。

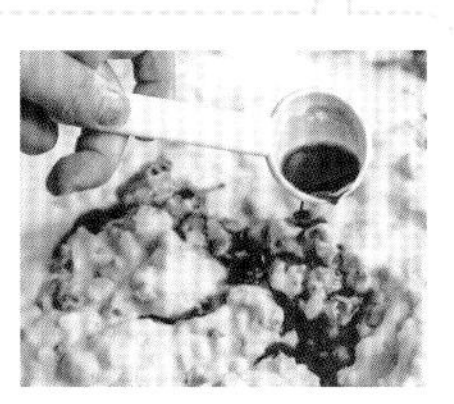

16 用饭匙沾水抹在表面上，让表面变得平整。

17 入蒸锅，蒸约30分钟即可。

40 中式餐点类

萝卜糕

提示

最佳食用期，冷藏5天。

材料、器具

萝卜糕

A
- 粘米粉 180g

B
- 水 430mL

C
- 萝卜 350g

D
- 虾米 15g

E
- 泡软香菇 15g

F
- 油葱酥适量

G
- 香麻油 5g

H
- 糖 4g

I
- 盐 6g

J
- 胡椒粉适量

器具

K
- 直径 16cm 圆形铝模

成品分量：1 份

A

粘米粉180g

B
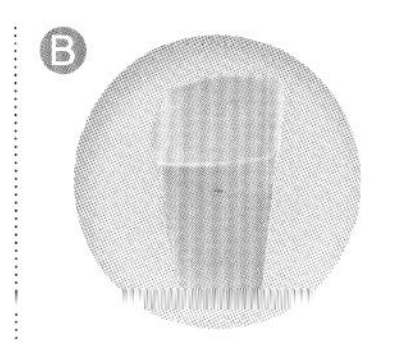
水430mL

C
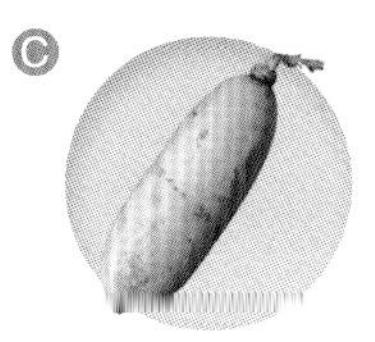
萝卜350g

D

虾米15g

E

泡软香菇15g

F

油葱酥适量

G
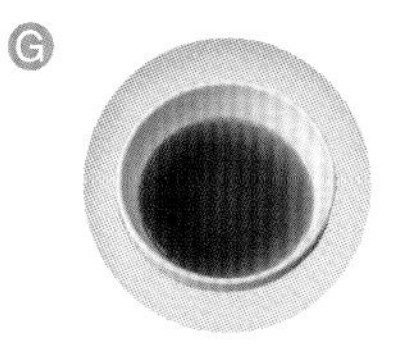
香麻油5g

H
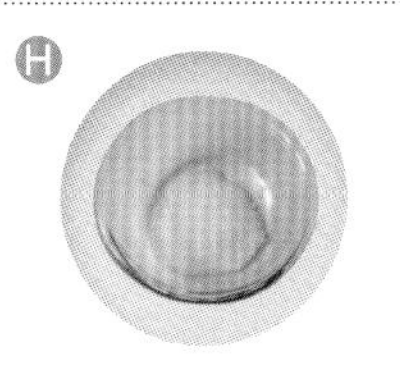
糖4g

I
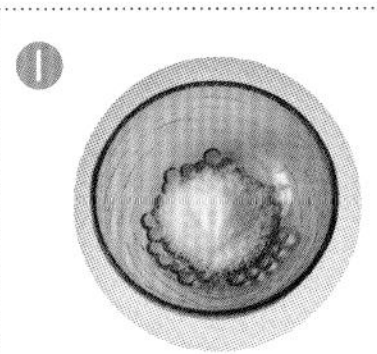
盐6g

J
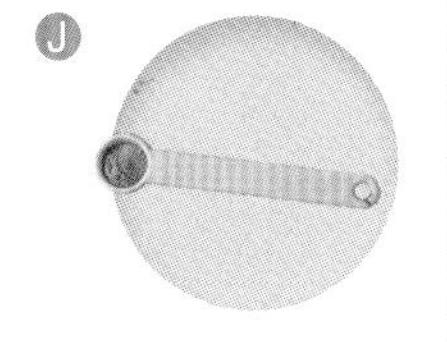
胡椒粉适量

K

直径16cm圆形铝模

做法

1 将材料C（萝卜）磋丝。

2 将材料D（虾米）洗净。

3 将洗净的材料D（虾米）切碎备用。

4 将材料E（香菇）切丁。

5 锅加热后加入材料G（香麻油）。

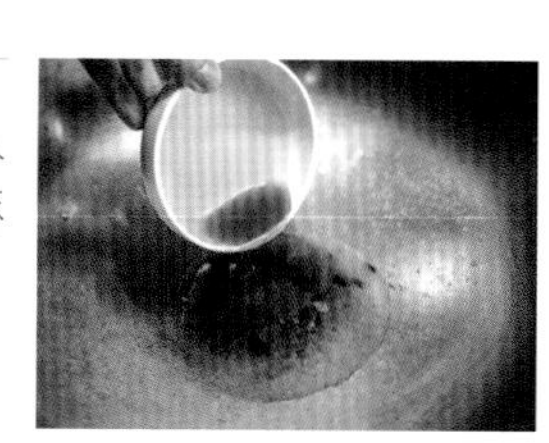

6 将材料D（虾米）炒香。

7 加入材料E（香菇丁）。

8 加入材料C（萝卜丝）拌炒。

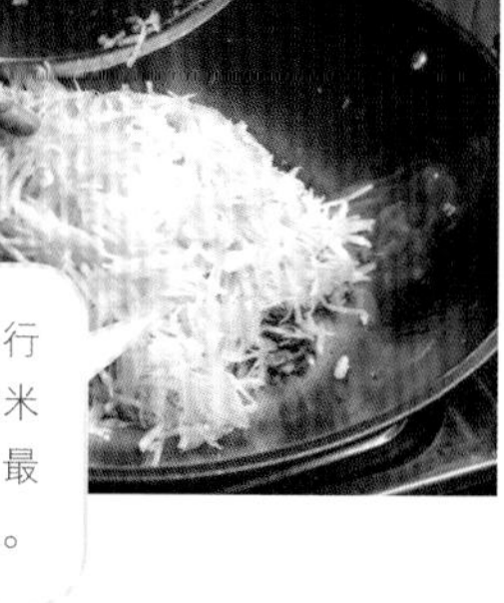

萝卜丝的量可随喜好自行调整，最多不要超过粘米粉量的3倍。即100g最多只能加300g的萝卜丝。

9 炒匀后加入材料H（糖）、材料I（盐）、材料J（胡椒粉）。

10 将材料B（水）一半倒入锅中，拌匀，煮至微滚。

11 另一半材料B（水）与材料A（粘米粉）拌匀。

12 将拌好的做法11倒入锅中搅拌。

13 拌到变成糊状。

搅拌到快变成糊的时候就要熄火，以免温度过高，造成米糊煮至过硬，影响口感。

15 装入圆形模型中。

14 最后加入材料F（油葱酥）拌匀。

16 表面用饭匙沾水抹平。

17 最后表面上再撒上一些油葱酥，中、小火蒸约30分钟即可。

41
中式餐点类

胡椒饼

提示

最佳食用期，当天食用风味最佳，冷藏7天。

烤箱预热温度，上火200℃、下火170℃，烘烤时间25~30分钟。

材料

油皮

A
- 中筋面粉 190g
- 糖 6g

B
- 水 120mL
- 酵母 1/2 匙

C
- 沙拉油 1/2 匙

油酥

D
- 低筋面粉 35g
- 猪油 15g
- 黑胡椒粒适量

馅料

E
- 猪肉 150g
- 盐 1/8 匙、糖 1/2 匙、黑胡椒粉适量、五香粉适量
- 酱油 10g

F
- 葱花 60g
- 香油适量

表面装饰

G
- 糖 10g

H
- 水 35mL

I
- 生芝麻适量

成品分量：约 5 个

A

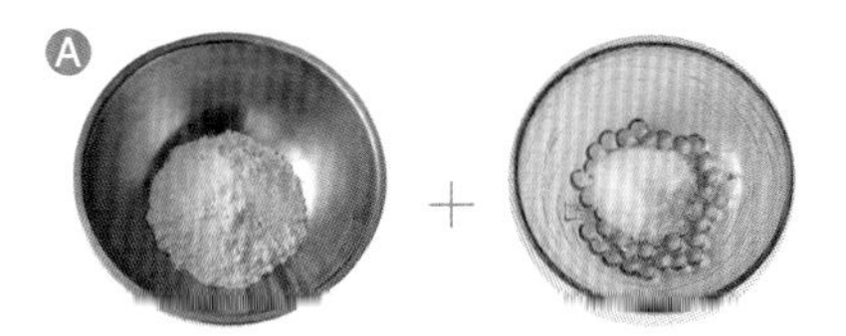

中筋面粉 190g ＋ 糖 6g

D

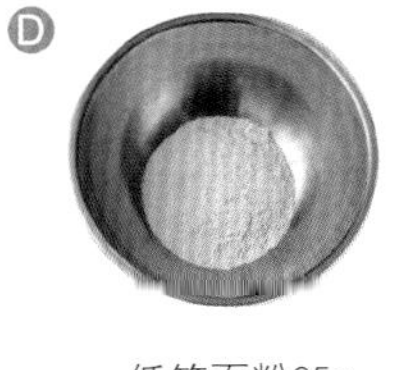

低筋面粉35g

＋

猪油15g

＋

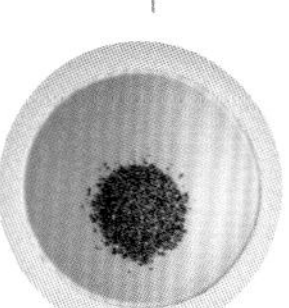

黑胡椒粒适量

B

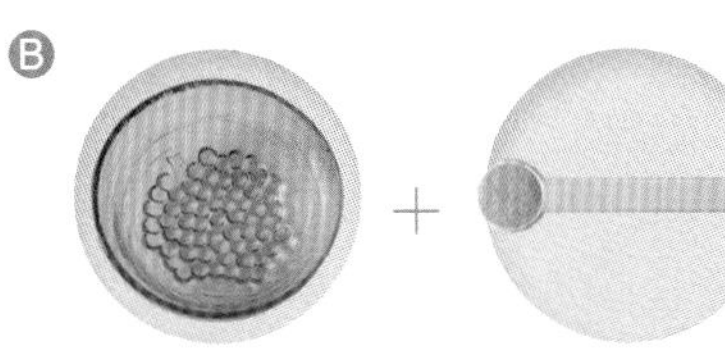

水120mL

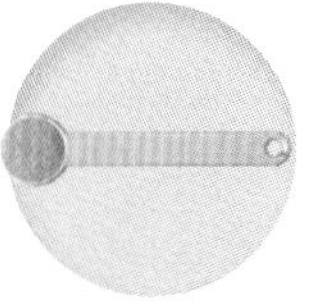

＋ 酵母1/2匙

F

葱花60g

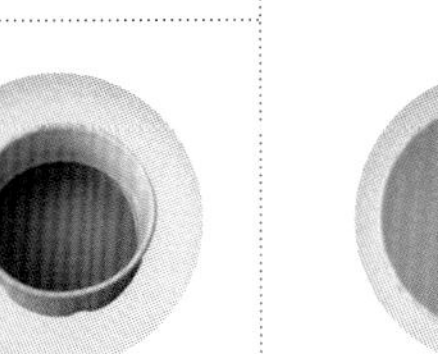

＋ 香油适量

E

猪肉150g

＋ 盐1/8匙、糖1/2匙、黑胡椒粉适量、五香粉适量

＋ 酱油 10g

C

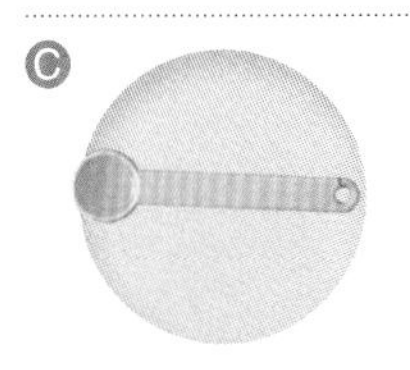

沙拉油1/2匙

G

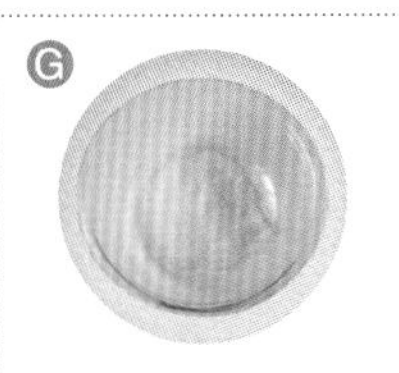

糖10g

H

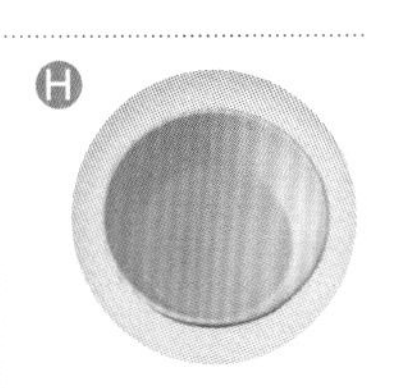

水35mL

I

生芝麻适量

做法

1 油皮制作：将材料A（中筋面粉、糖）混合。

2 加入材料B（水、酵母）。

3 再加入材料C（沙拉油）。

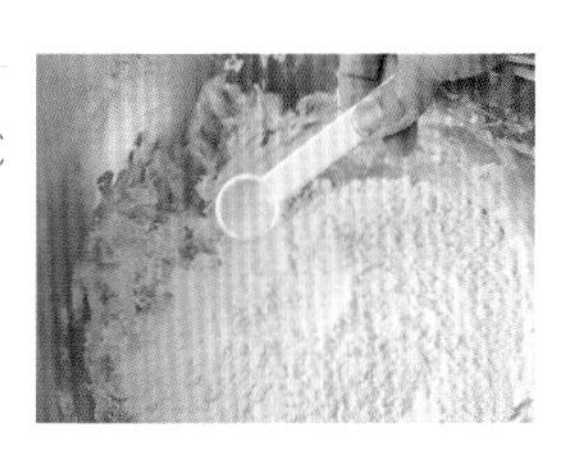

4 所有材料加入后拌揉成光滑面团。

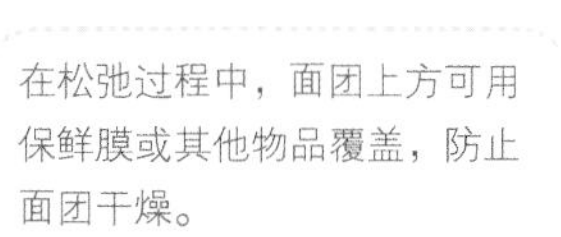

在松弛过程中，面团上方可用保鲜膜或其他物品覆盖，防止面团干燥。

5 将面团放在料理盆中松弛20分钟。

6 油酥制作：将材料D（低筋面粉、猪油、黑胡椒粒）倒入盆中。

7 用长柄刮刀拌压成团，松弛10分钟。

8 内馅制作：将材料F（葱花、香油）拌匀。

9 将材料E（猪肉、调味料）全部拌在一起。

10 让肉跟调味料充分搅拌均匀，腌渍20分钟。

肉可提前一个晚上腌渍，味道会更入味好吃。

11 将油皮分割，每个重60g。

12 油酥分割，每个重10g。

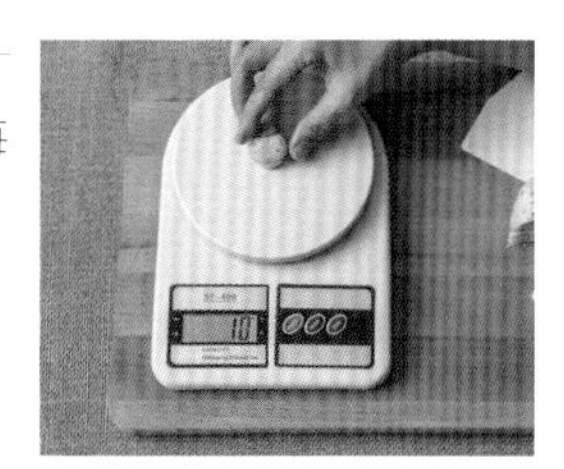

13 将油酥包入油皮。

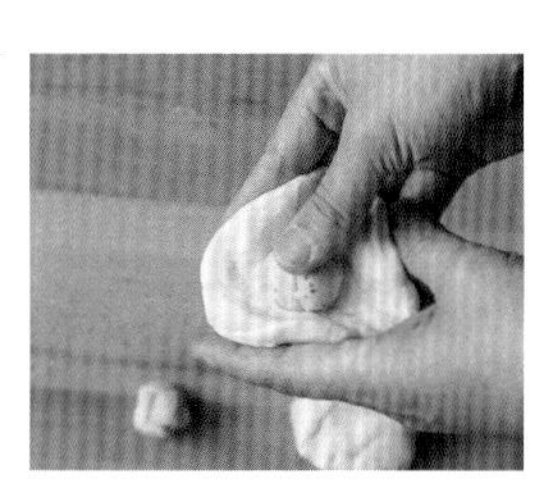

14 擀卷两次，第一次擀卷。

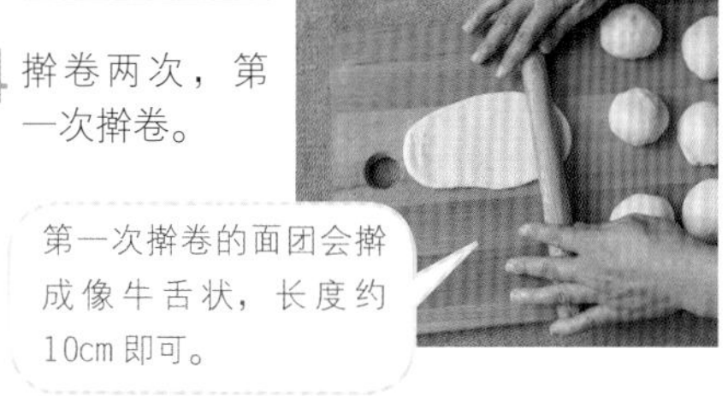

第一次擀卷的面团会擀成像牛舌状，长度约10cm即可。

15 卷起后松弛5~10分钟。

16 第二次擀卷。

第二次擀卷的面团会擀成长条状，长度约15cm即可。

17 卷起后再松弛5~10分钟。

18 将擀卷两次的面团用手指在中间往下压。

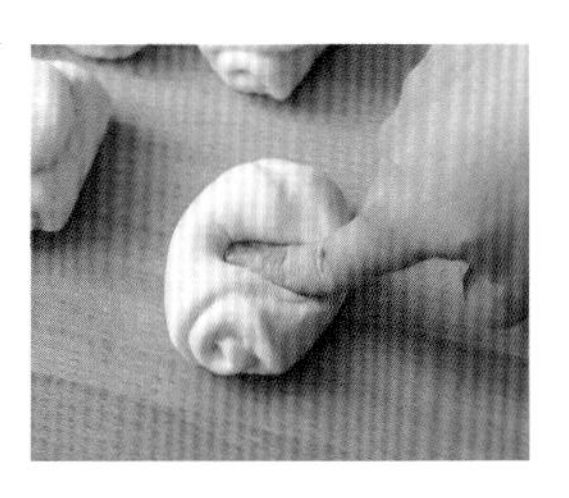

19 左右两边抓起。

20 翻过来圆面朝上，擀成圆片状。

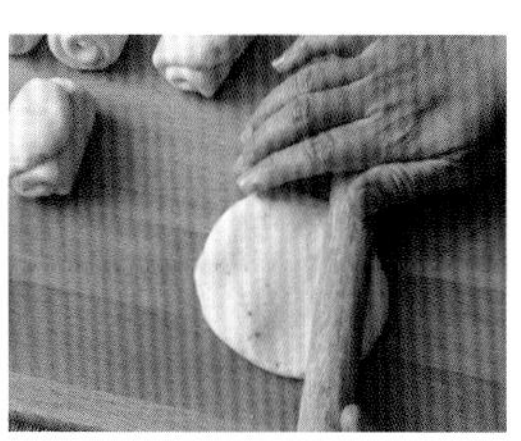

21 包入腌渍调味好的肉馅。

22 再包入混合好的材料F（葱花、香油）。

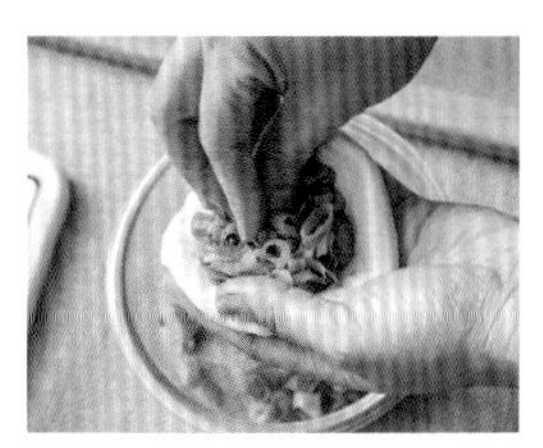

23 接口底部包紧。

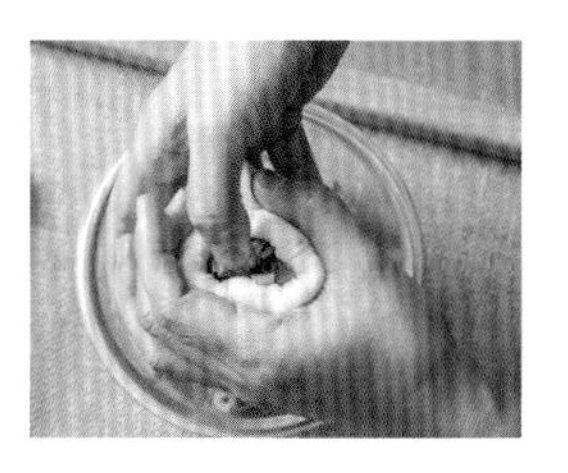

24 表面蘸糖水。

25 沾上芝麻。放入烤箱，烤箱温度上火200℃、下火170℃，烘烤25~30分钟。

42

中式餐点类

咖喱饺

提示

最佳食用期，当天食用风味最佳，冷藏7天（食用时可用烤箱或是微波炉加热）。
烤箱预热温度，上火200℃、下火170℃，烘烤时间25~30分钟。

材料

油皮

A

- 中筋面粉 65g
- 糖 1 茶匙
- 猪油 25g
- 水 30mL

油酥

B

- 低筋面粉 40g
- 猪油 20g
- 咖哩粉 1/4 匙

内馅

C

- 碎洋葱 40g

D

- 绞肉 75g

E

- 咖哩粉 1/2 匙
- 糖 1/4 匙
- 盐 1/4 匙

F

- 低筋面粉 1/2 匙

表面装饰

G

- 黑芝麻适量

成品分量：6 个

A

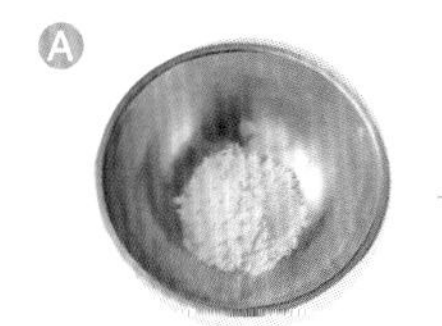
中筋面粉65g

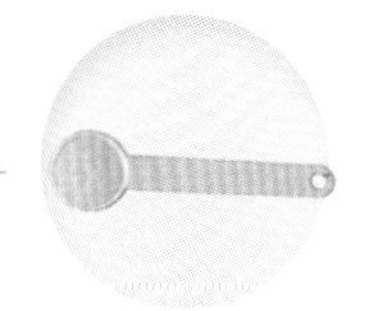
糖1茶匙

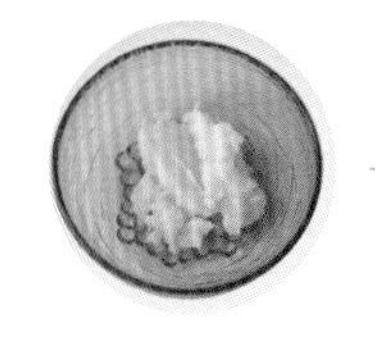
猪油25g

水30mL

C

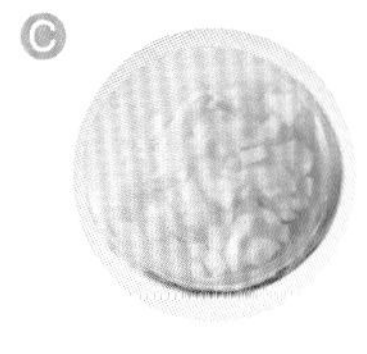
碎洋葱40g

D

绞肉75g

B

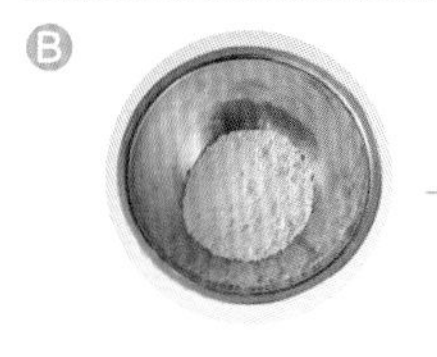
低筋面粉40g

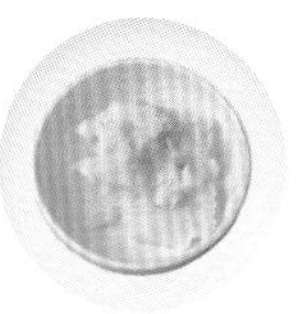
猪油20g

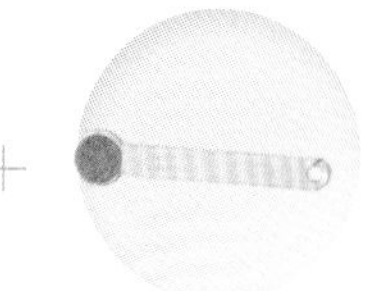
咖哩粉1/4匙

E

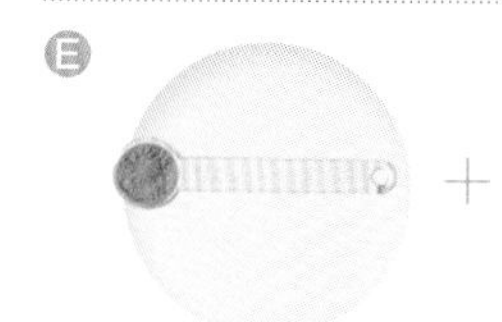
咖哩粉1/2匙

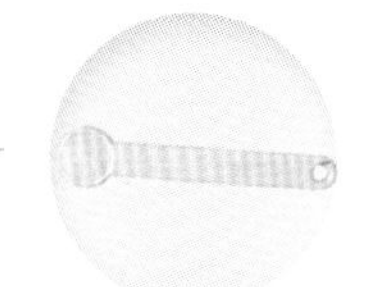
糖1/4匙

盐1/4匙

F

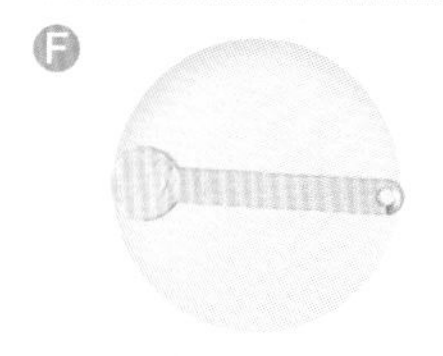
低筋面粉1/2匙

G

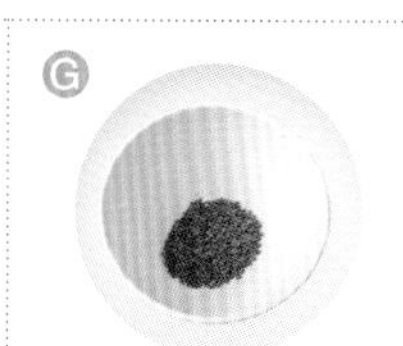
黑芝麻适量

做法

1 油皮制作：将材料A（中筋面粉、糖、猪油、水）全部放入盆中。

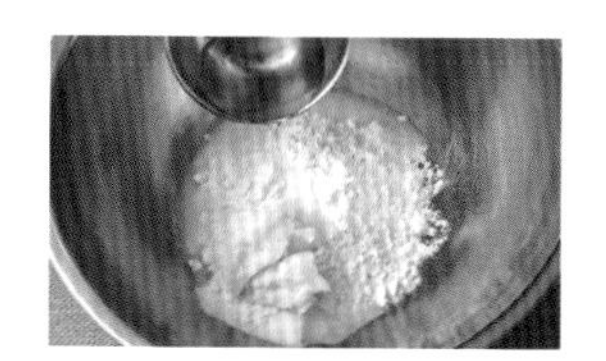

2 用手揉成光滑面团，松弛10~15分钟。

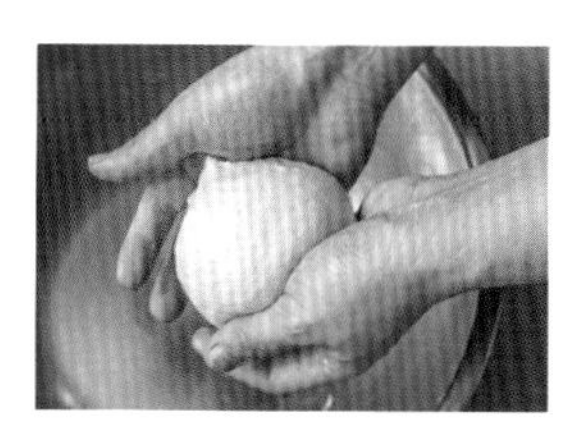

3 油酥制作：将材料B（低筋面粉、猪油、咖哩粉）全部放入。

4 用长柄刮刀拌压成团，松弛10~15分钟。

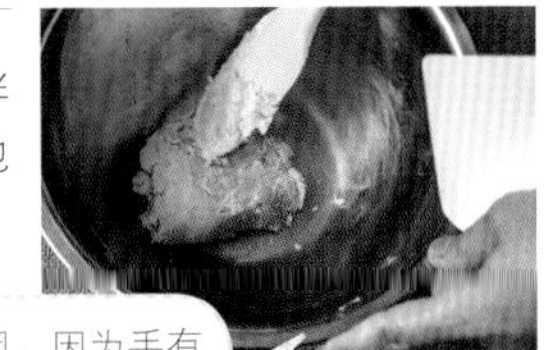

不建议用手去拌成团，因为手有温度，很容易让面团太湿黏，造成油酥耗损太多。

5 将做法2的油皮分割，每个重20g。

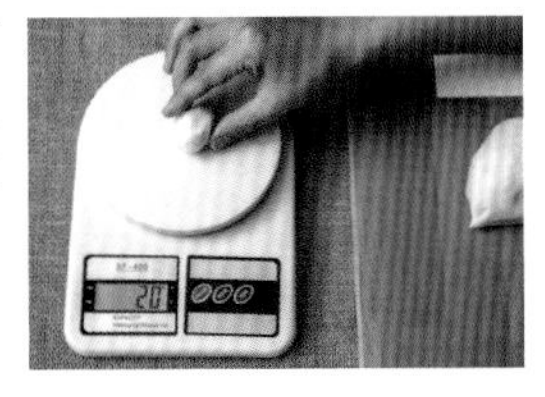

6 将做法4油酥分割每个重10g。

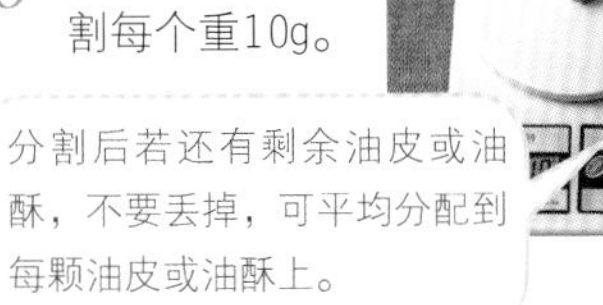

分割后若还有剩余油皮或油酥，不要丢掉，可平均分配到每颗油皮或油酥上。

7 油酥包入油皮。

8 接口捏紧。

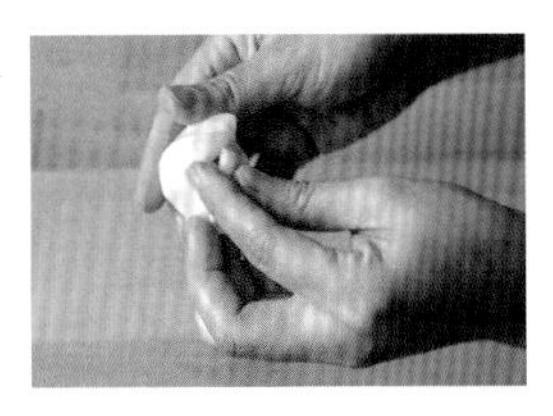

9 擀卷两次，擀卷第一次，将面团压扁擀，呈像牛舌状，约10cm长度即可。

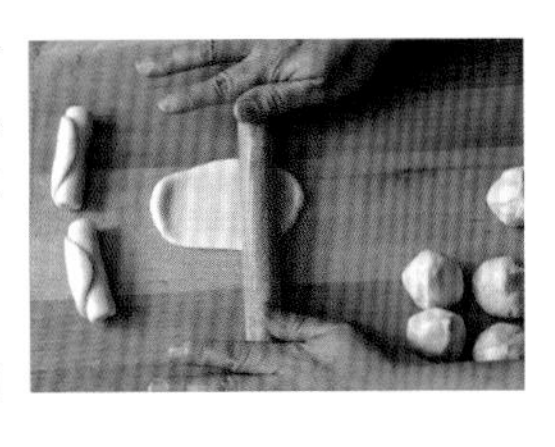

10 卷起。

11 擀卷第二次，擀成长度约12cm即可卷起，松弛15~20分钟。

在松弛中，一定要用保鲜膜或是盒子覆盖，避免面皮过干，导致外皮破损。

12 内馅制作：先将材料C（碎洋葱）炒香。

13 加入材料D（绞肉）续炒。

14 将绞肉炒干。

15 加入材料E的调味料（咖哩粉、盐、糖）。

16 拌炒均匀后加入材料F（低筋面粉），拌匀即可。

17 将擀卷后松弛好的油皮用手指往面团中间压下。

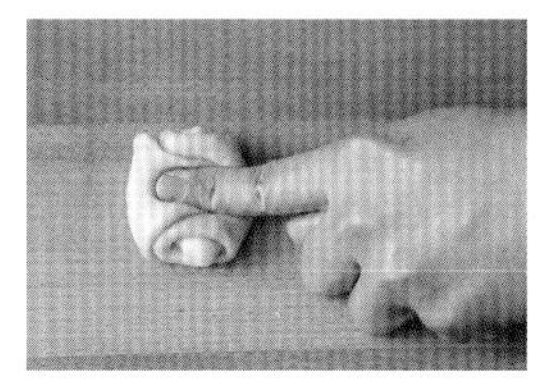

18 左右两边向中间捏起。

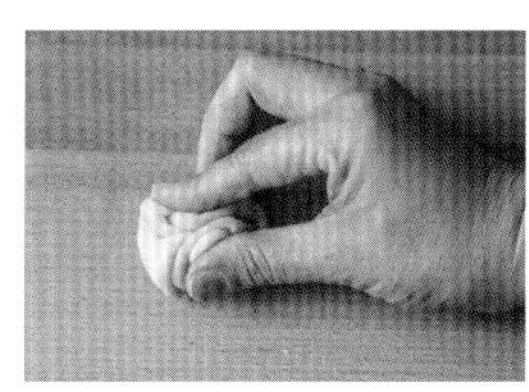

19 翻正。

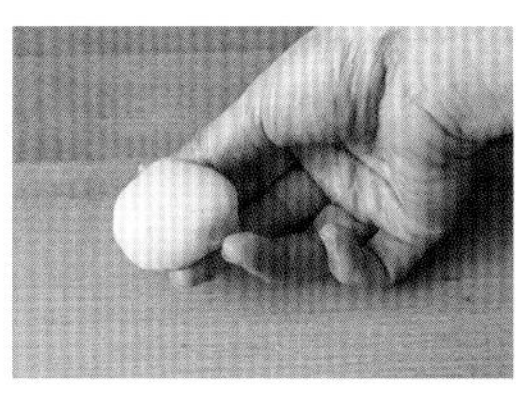

20 用擀面棍擀成圆片状。

21 将不好看的一面朝内，放入馅料。

22 包起后在外皮边缘用手指捏出一角，往上折后再捏出一角，捏出像绳索一样的形状。

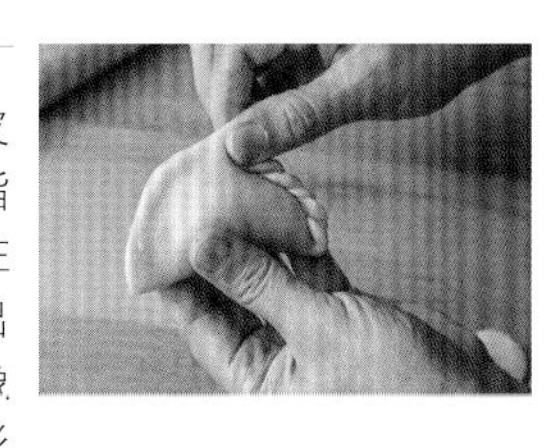

23 表面刷上蛋液（分量外）。

24 刺洞。

刺洞的目的是为了防止外皮过度膨胀而破裂。

25 撒上材料G（黑芝麻），烤箱温度上火200℃、下火170℃，烘烤25~30分钟至表面呈金黄色。

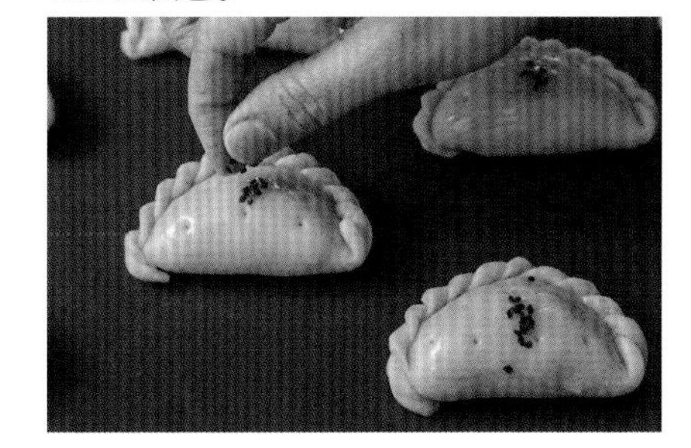

43 中式餐点类 蟹壳黄烧饼

提示

最佳食用期，当天食用风味最佳，冷藏3天。

烤箱预热温度，上火180℃、下火160℃，烘烤时间25~30分钟。

材料

油皮

A
- 中筋面粉 140g
- 糖 1/4 匙
- 猪油 30g
- 水 75mL
- 酵母 1/2 匙
- 盐 1/4 匙

烧饼油酥

B
- 低筋面粉 50g
- 沙拉油 30g

油酥

C
- 低筋面粉 40g
- 烧饼油酥 80g

D
- 葱花 215g
- 盐 1/2 匙
- 猪油 35g
- 胡椒粉适量

表面装饰

E
- 白芝麻适量

成品分量：8 个

A

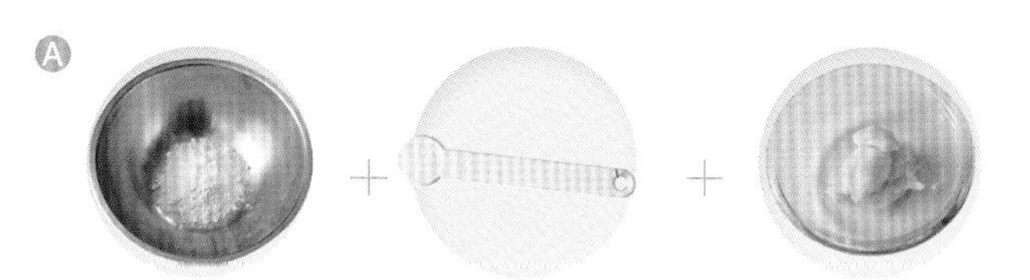

中筋面粉140g + 糖1/4匙 + 猪油30g

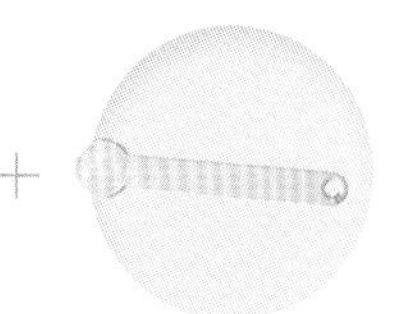

水75mL + 酵母1/2匙 + 盐1/4匙

B

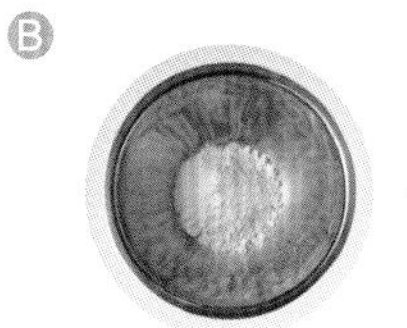

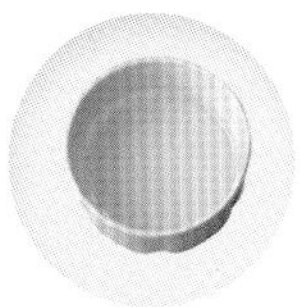

低筋面粉50g + 沙拉油 30g

C

低筋面粉40g + 烧饼油酥80g

D

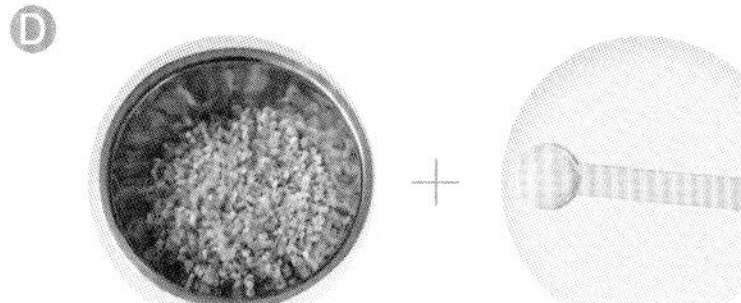

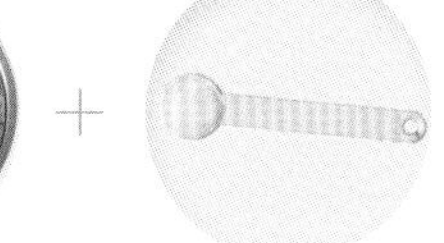

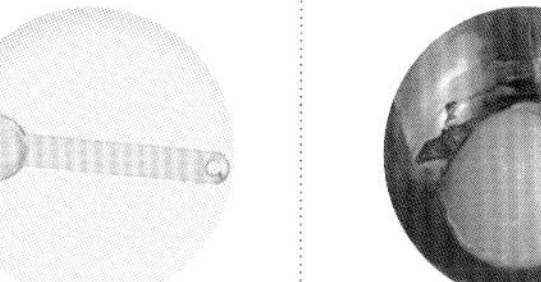

葱花215g + 盐1/2匙

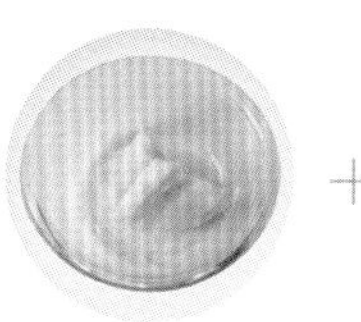

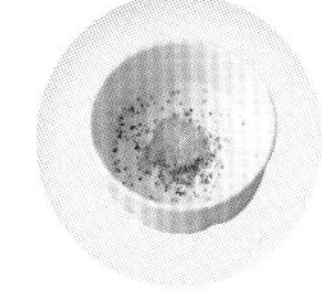

猪油35g + 胡椒粉适量

E

白芝麻适量

做法

1 油皮制作：将材料A（中筋面粉、糖、猪油、水、酵母、盐）全部倒入料理盆中。

2 揉成光滑面团，松弛 20 分钟。

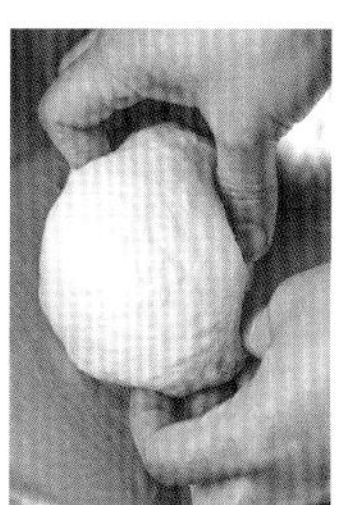

3 切割油皮，分成 8 等份，每个重 30g。

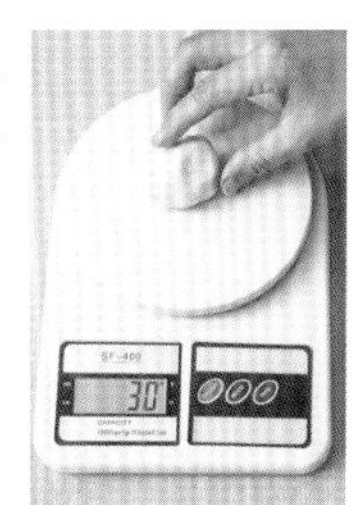

4 烧饼油酥制作：将材料B（低筋面粉、沙拉油）搅拌均匀。

5 再将材料C（低筋面粉、烧饼油酥）拌成团。

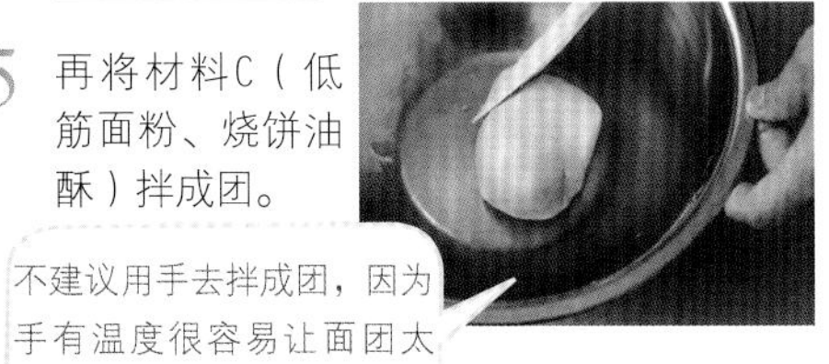

不建议用手去拌成团，因为手有温度很容易让面团太湿黏，造成油酥耗损太多。

6 分割油酥成8等份，每个重15g。

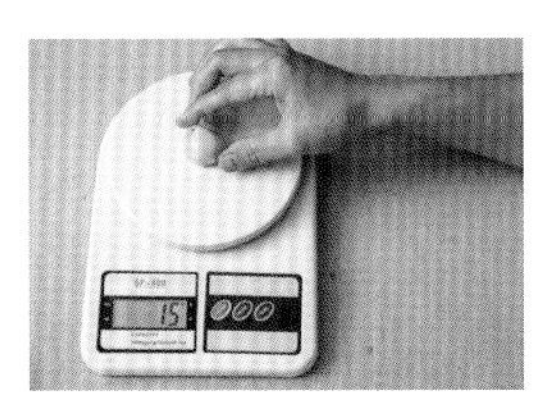

7 油皮包油酥，接口处捏紧。

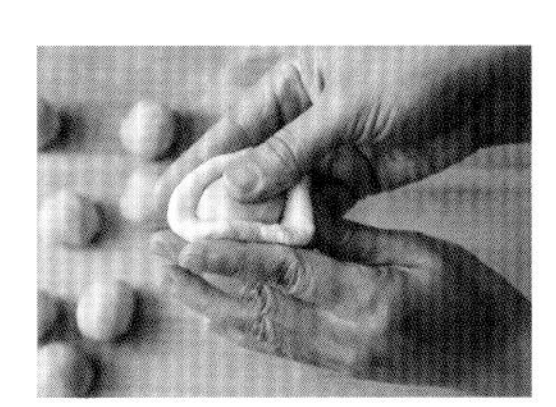

8 将油皮包油酥后，擀卷两次。

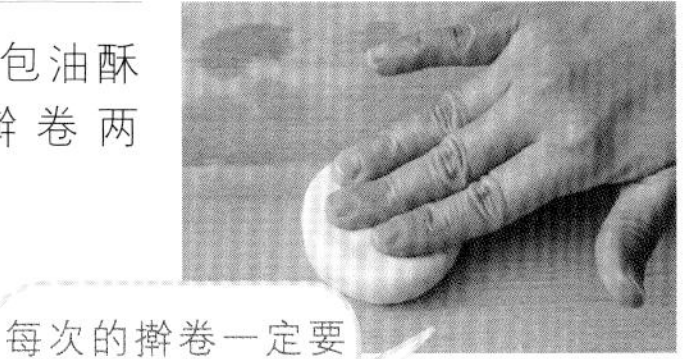

每次的擀卷一定要用保鲜膜覆盖，防止面皮过干。

9 擀卷两次，擀卷第一次，将面团压扁，擀成像牛舌状约10cm长度即可。

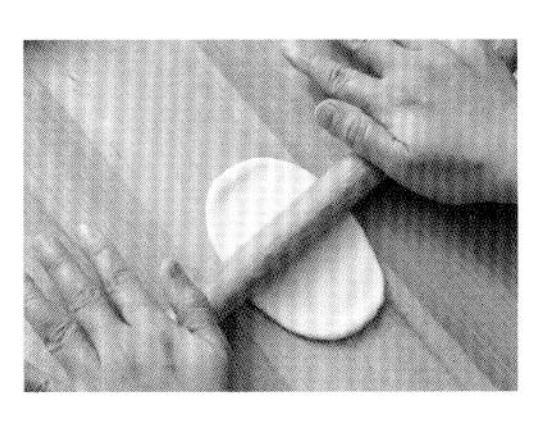

10 卷起。

11 擀卷第二次，接口朝上压扁。

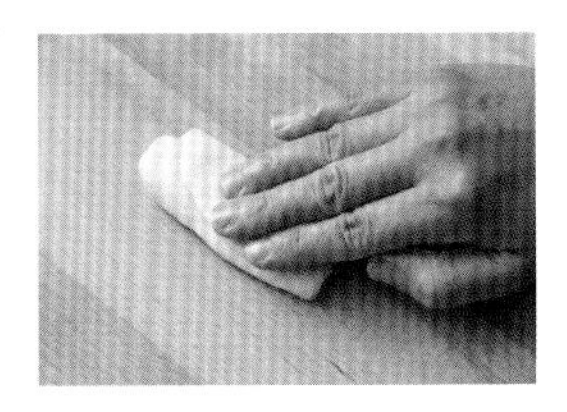

12 再擀平。

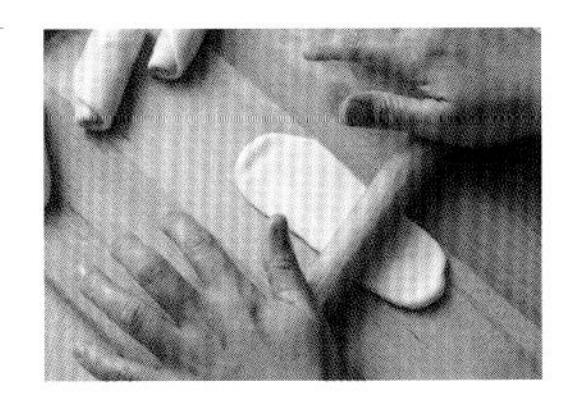

13 再次卷起。

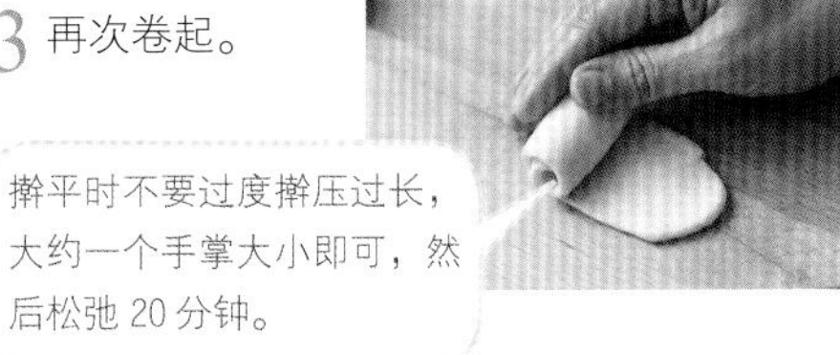

擀平时不要过度擀压过长，大约一个手掌大小即可，然后松弛20分钟。

14 等待松弛的时间将材料D（葱花、盐、猪油、胡椒粉）等内馅全部倒入，搅拌均匀。

15 将做法13松弛好的面团擀成圆片状，用手指在中心处往下压。

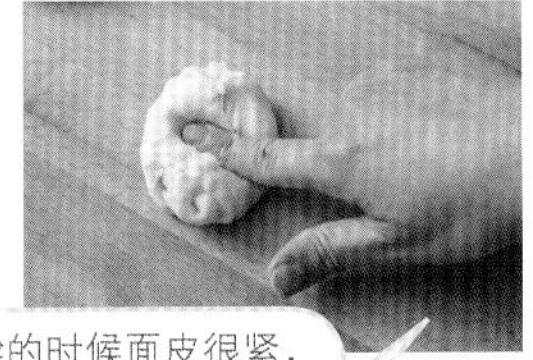

如果在擀的时候面皮很紧，会回缩，表示松弛不够，还需再继续松弛。

16 左右两边抓起。

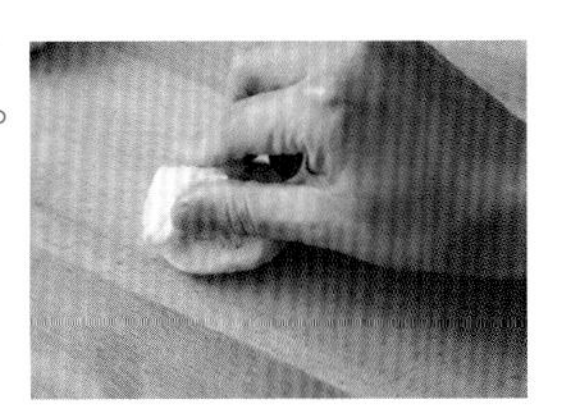

17 将圆形面朝上。

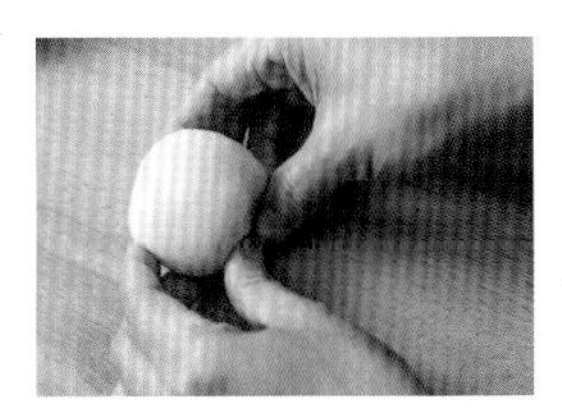

18 压扁并擀成圆片状。

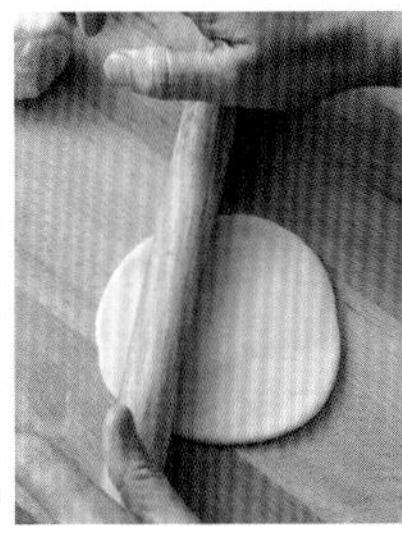

19 一面包入馅料后包紧。

20 包馅料后整成圆形，表面蘸水。

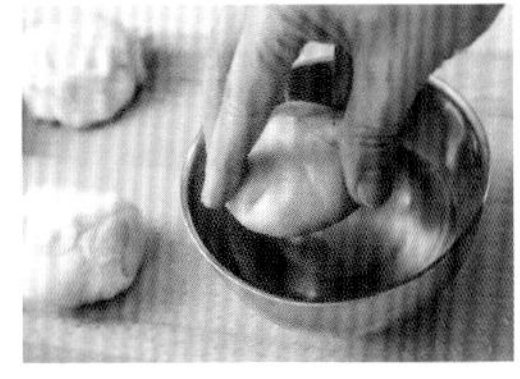

21 沾芝麻。

22 将沾好芝麻的面饼排入烤盘中。再松弛10~20分钟，即可入烤箱烤至金黄色。

44
中式餐点类

老婆饼

提示

最佳食用期，室温密封保存5天，冷藏10天。

烤箱预热温度，上火190℃、下火160℃，烘烤20~25分钟。

材料

油皮

A

- 中筋面粉 110g
- 糖 10g
- 水 45mL
- 黄油 45g

油酥

B

- 低筋面粉 80g
- 黄油 40g

内馅

C

- 黄油 45g
- 糖 50g
- 水 90mL
- 熟糯米粉 60g

表面装饰

D

- 蛋液适量

成品分量：8 片

A

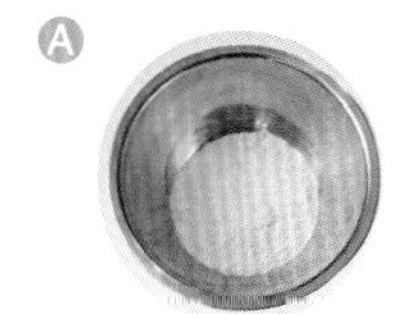

中筋面粉110g

+

糖10g

水45mL + 黄油45g

B

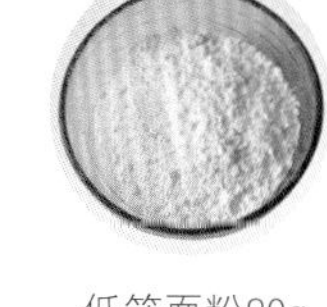

低筋面粉80g

+

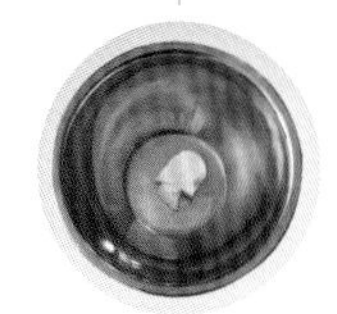

黄油40g

C

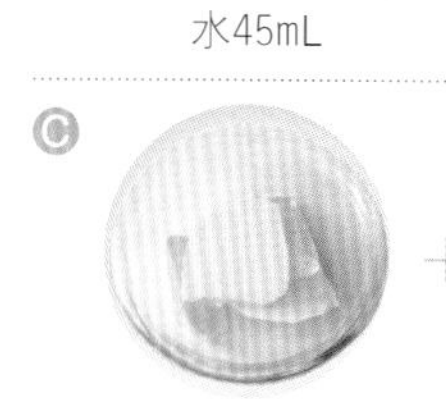

黄油45g

+

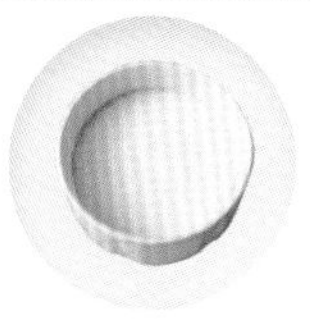

糖50g

水90mL

+

熟糯米粉60g

D

蛋液适量

做法

1 油皮制作：将材料A（中筋面粉、黄油）依次加入。

油皮、油酥的黄油部分可改成猪油，会更香酥。

2 加入糖。

3 加入水。

4 揉成光滑面团。

5 整形松弛20分钟。

油皮在整个过程中都要用保鲜膜覆盖，避免油皮部分过度干燥。

6 油酥制作：制作油酥，盆内放入材料B（黄油），再将材料B（低筋面粉）过筛加入。

7 用长柄刮刀拌成团。

8 内馅制作：将材料C（黄油、糖、水、熟糯米粉）等材料全部倒入。

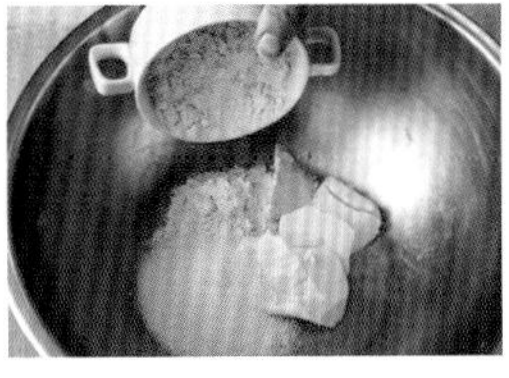
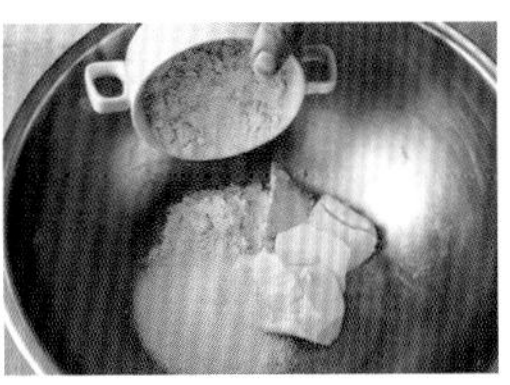

9 用长柄刮刀均匀拌压成团。

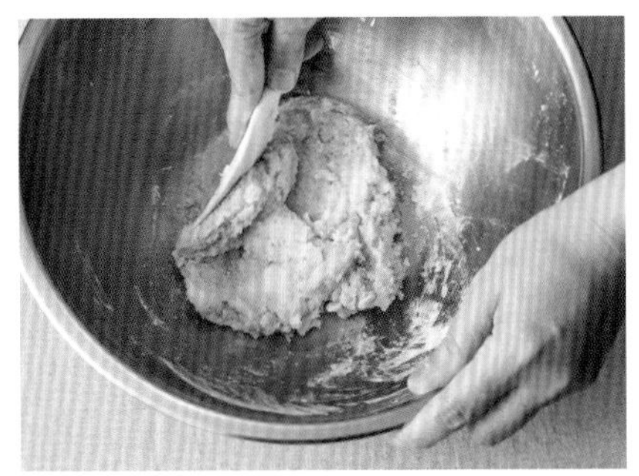

10 油皮分割8等份，每个重25g。

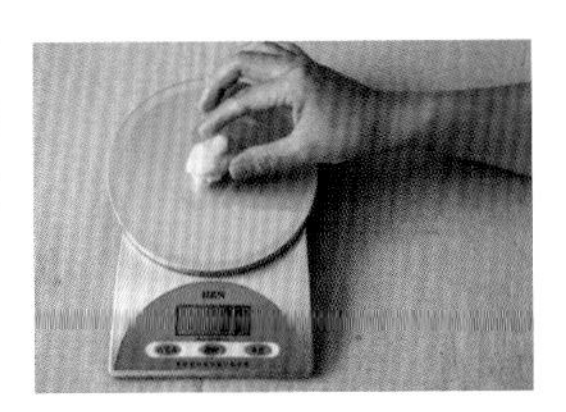

11 油酥分割8等份，每个重15g。

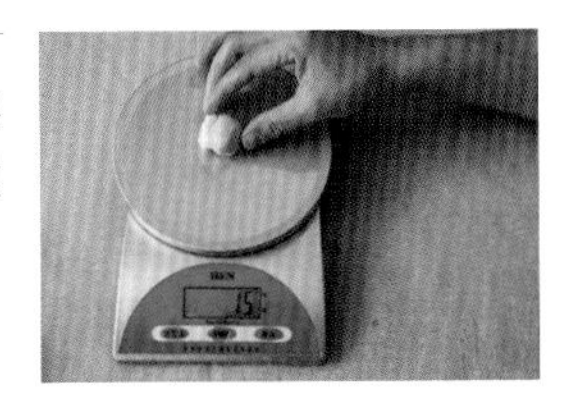

12 内馅分割8等份，每个重30g。

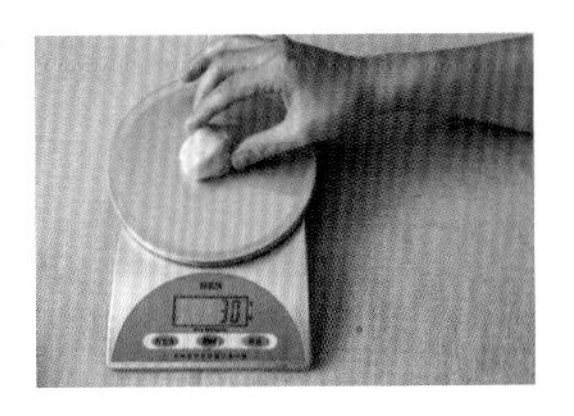

13 油皮先在掌心压扁。

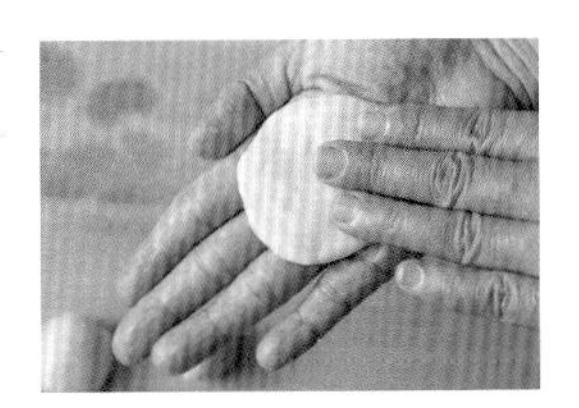

14 包入油酥。

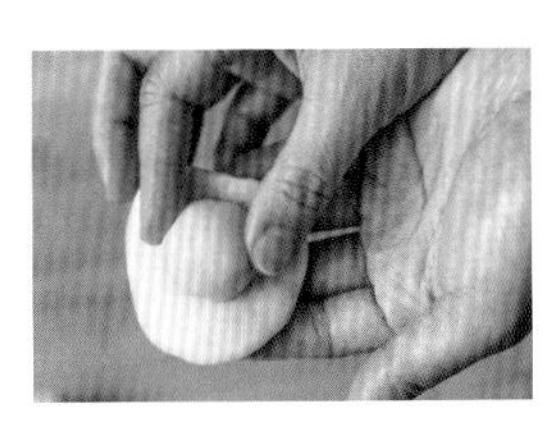

15 接口捏紧。

16 擀卷两次，擀卷第一次擀成像牛舌一样，卷起。

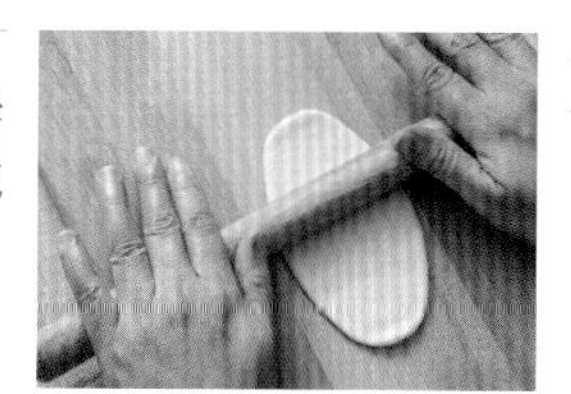

20 将松弛好的面团，擀成圆片状。

17 擀卷第二次，接口朝上，中间先压扁。

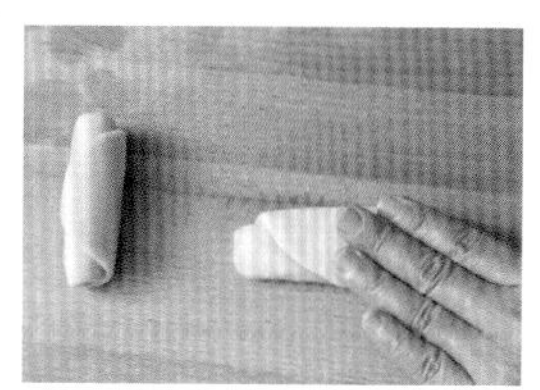

21 包入馅料后再松弛10分钟。

18 擀长度约10cm。

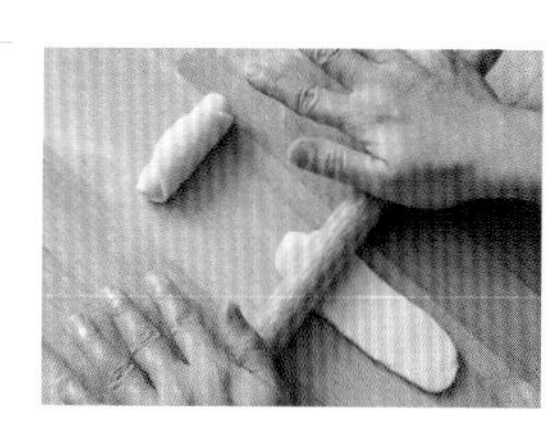

22 擀压成圆扁形。

19 卷起松弛30分钟。

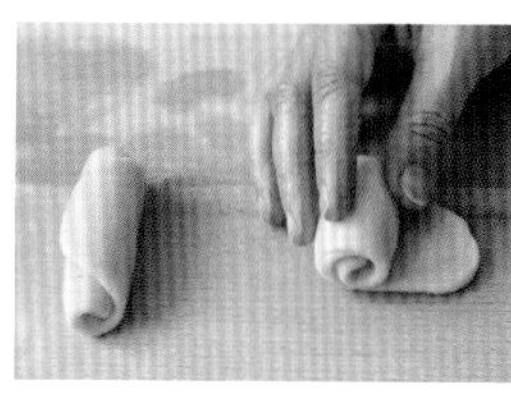

23 表面刷蛋液。

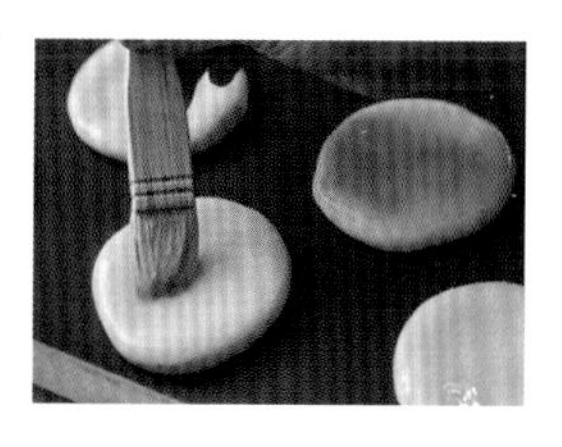

24 刺洞。烤箱预热温度，上火190℃、下火160℃，烘烤20~25分钟。

45

中式餐点类

蒜味酥

提示

最佳食用期，室温密封保存5天，冷藏10天。

烤箱预热温度，上火200℃、下火170℃，烘烤时间20~25分钟。

材料

油皮

A
- 中筋面粉 115g
- 糖 10g

B
- 猪油 50g
- 水 45mL

油酥

C
- 低筋面粉 75g
- 猪油 35g

内馅

D
- 糖 45g
- 盐 1/8 匙
- 麦芽糖 18g
- 蒜头 7g
- 蛋液 28g

E
- 黄油 22g
- 低筋面粉 88g
- 熟芝麻 11g
- 树薯粉 1/2 匙

成品分量：10 个

A

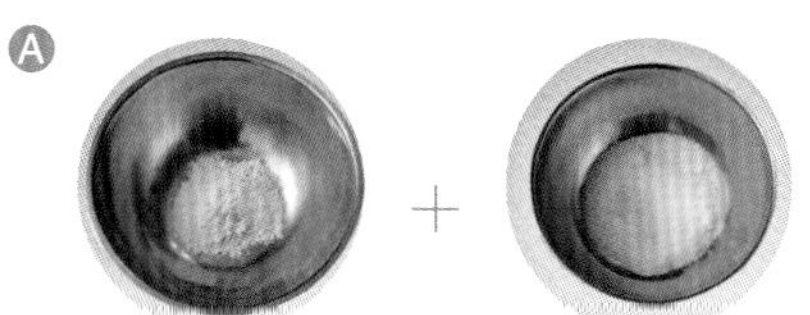

中筋面粉115g ＋ 糖10g

B

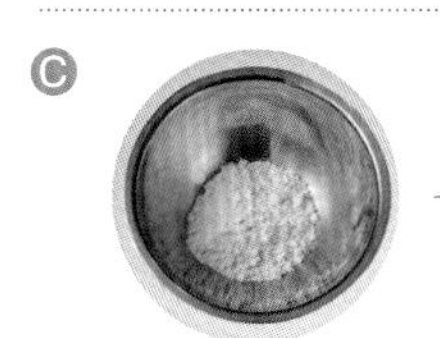

猪油50g ＋ 水45ml

C

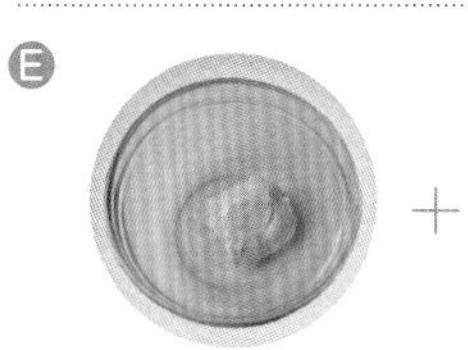

低筋面粉75g ＋ 猪油35g

E

黄油22g ＋ 低筋面粉88g

熟芝麻11g ＋ 树薯粉1/2匙

D

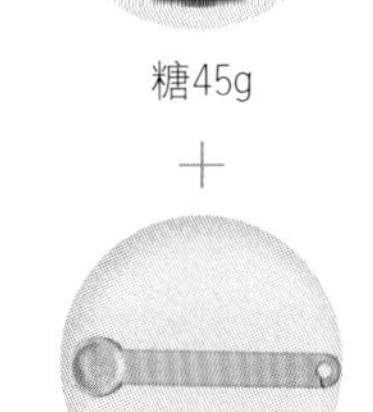

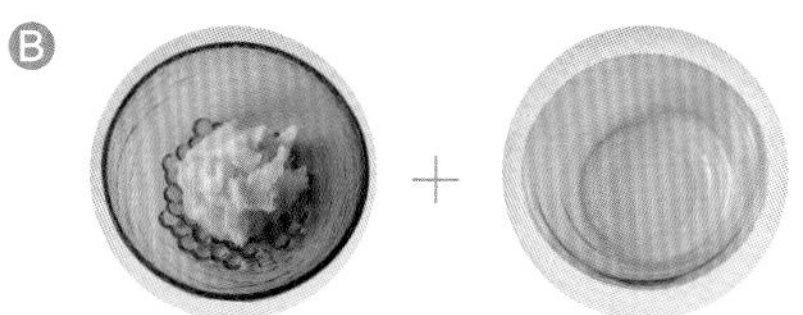

糖45g ＋

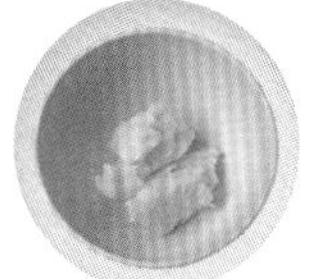

盐1/8匙 ＋

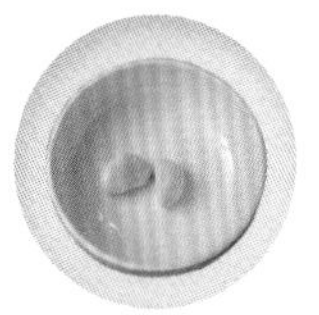

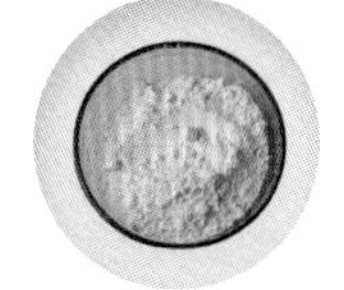

麦芽糖18g ＋

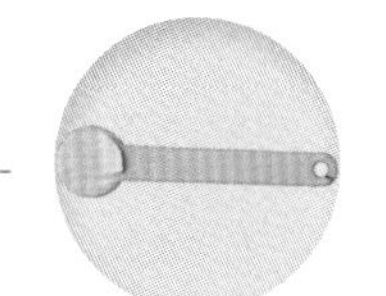

蒜头7g ＋

蛋液28g

做法

1 制作油皮：将油皮材料A（中筋面粉、糖）放入料理盆。

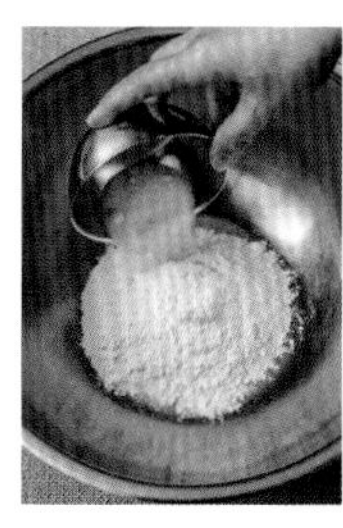

2 加入油皮材料B（猪油、水）。

3 揉成光滑面团。

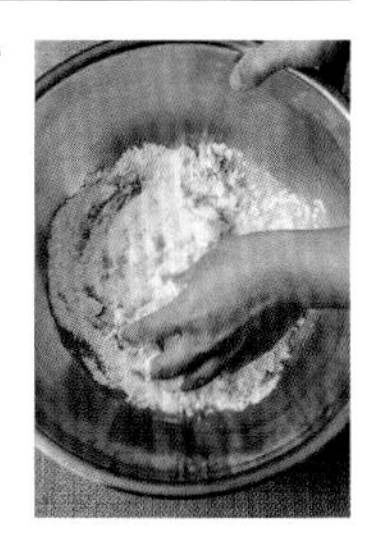

4 将揉好的油皮面团放入料理盆中松弛20分钟。

5 油皮分割10等份，每个约20g。

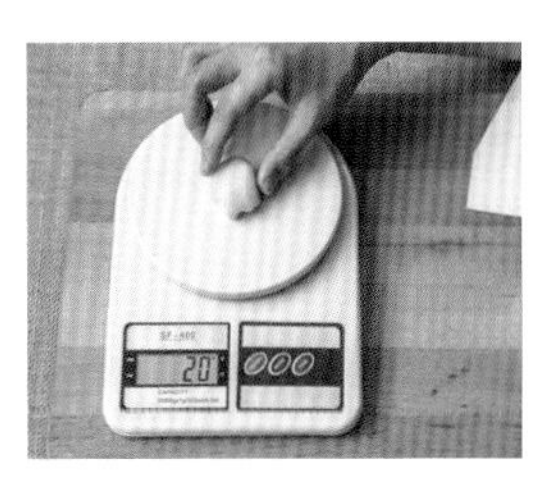

6 制作油酥：将油酥材料C（低筋面粉、猪油）倒入盆中。

7 用长柄刮刀压拌成团。

建议不要用手去拌压，因为手有热度很容易将面粉和猪油拌得太湿黏，导致不好操作。

8 油酥分割10等份，每个约10g。

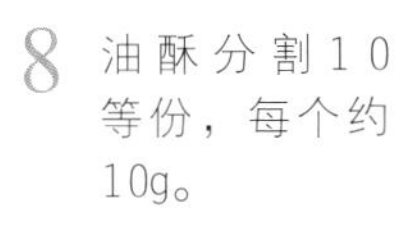

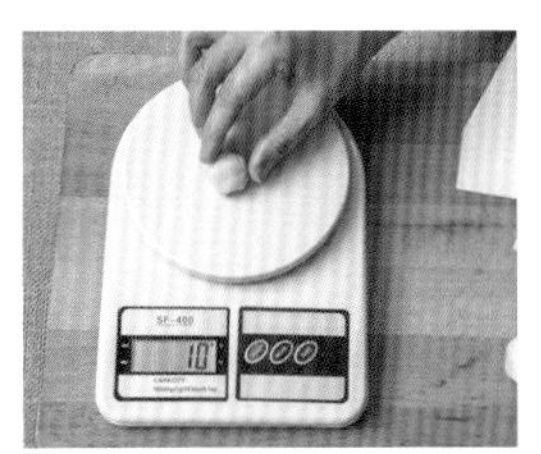

9 制作内馅：先将内馅材料蒜头切成蒜末。

10 将材料D[糖、盐、麦芽糖、蛋液、蒜头（切蓉）]加入盆中。

11 用长柄刮刀拌匀，让糖先熔化。

12 再加入材料E（低筋面粉、树薯粉、熟芝麻、黄油）。

13 拌揉成团。

18 擀卷第二次擀成长条状。

14 将内馅分割10等份，每个约20g。

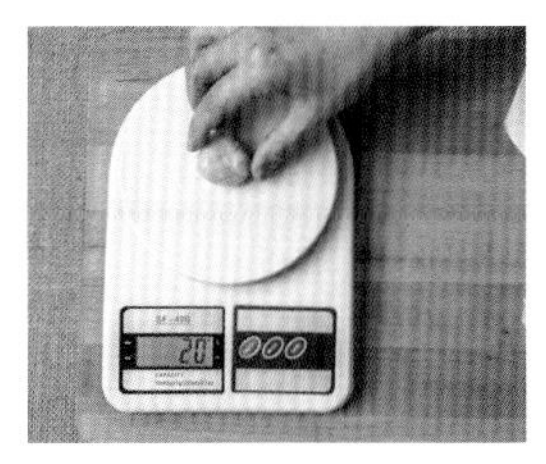

15 将分割好的油酥包入油皮。

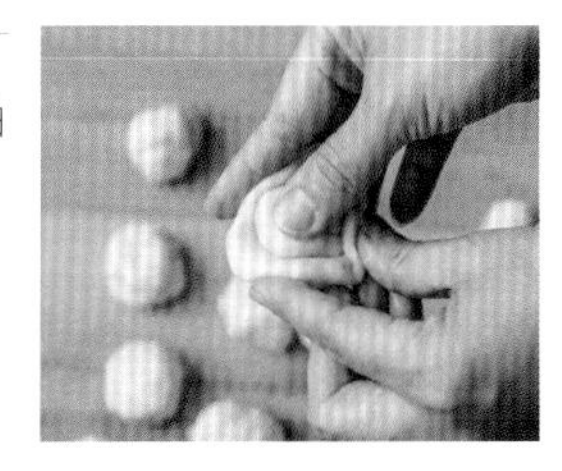

19 擀卷第二次卷起。

擀卷两次后，松弛15~20分钟。

每次操作完的面团，一定要用保鲜膜或是盆覆盖，以免表皮过于干燥。

16 用擀面棍擀卷两次，擀卷第一次，擀像牛舌一样的形状，长7~8cm。

20 将松弛后的面团用手指在中间往下压。

17 擀卷第一次卷起。

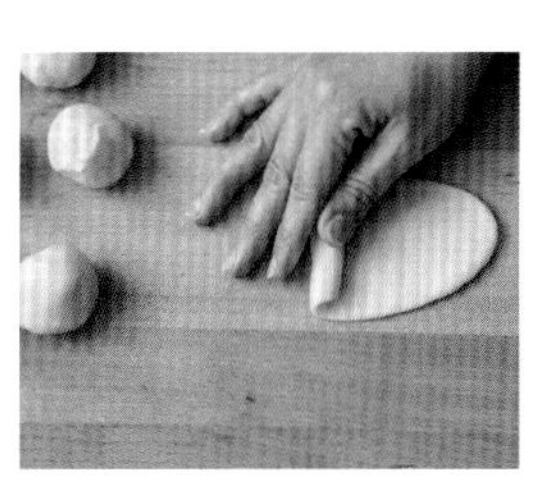

21 左右两边抓起。

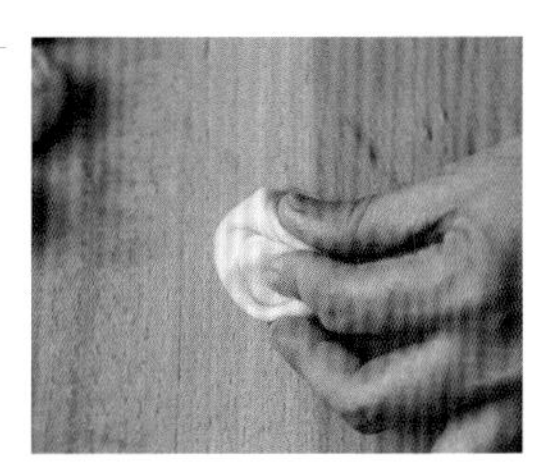

22 翻过来圆面朝上。

23 擀成圆片状。

24 包入分割好的内馅。

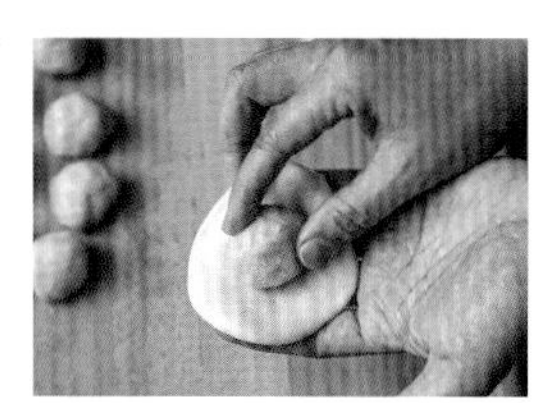

25 整形成圆形，用手稍压扁，松弛20~30分钟。

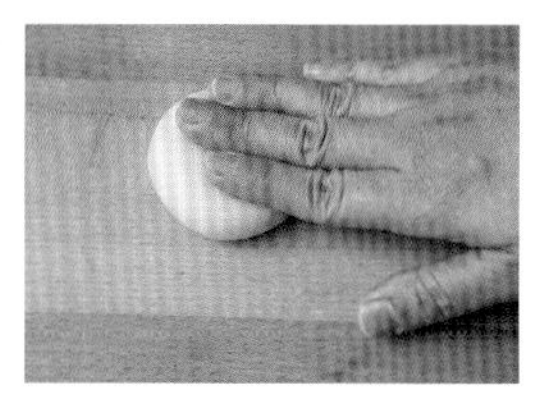

26 最后擀成长约10cm的牛舌形状。

27 往上对折。

28 压扁。

29 表面抹上蛋液入烤箱，烤箱温度上火200℃、下火170℃，烤20~25分钟。

46

中式餐点类

太阳饼

提示

最佳食用期，室温密封保存5天，冷藏10天。
烤箱预热温度，上火170℃、下火170℃，烘烤时间20~25分钟。

材料

油皮

A

- 中筋面粉 95g
- 糖粉 10g

B

- 猪油 35g
- 水 45mL

油酥

C

- 低筋面粉 65g
- 猪油 30g

内馅

D

- 糖粉 45g
- 低筋面粉 22g
- 盐 1/8 匙
- 麦芽糖 12g
- 水 3mL
- 黄油 10g

成品分量：6 个

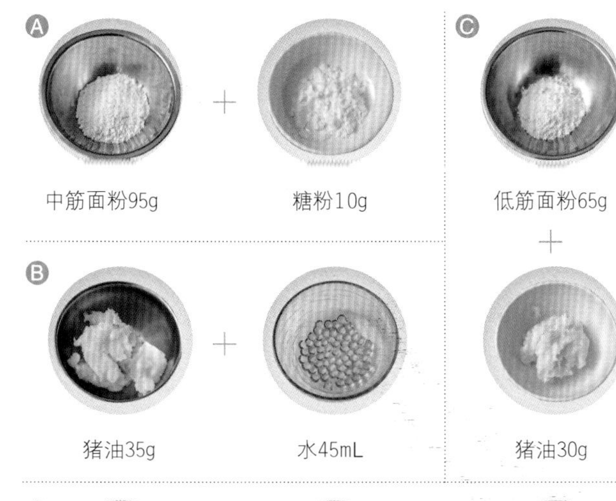

中筋面粉95g　糖粉10g　低筋面粉65g

猪油35g　水45mL　猪油30g

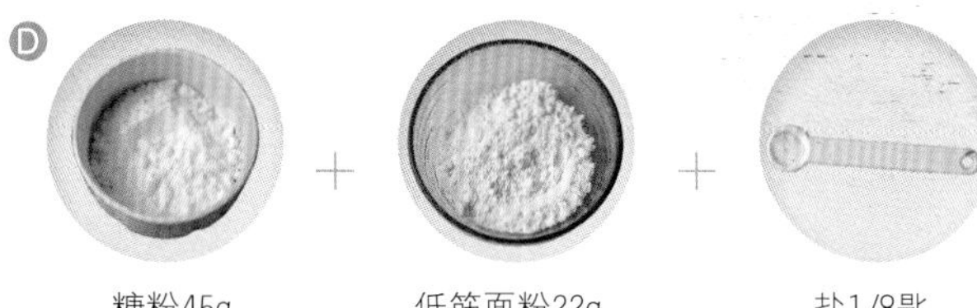

糖粉45g　低筋面粉22g　盐1/8匙

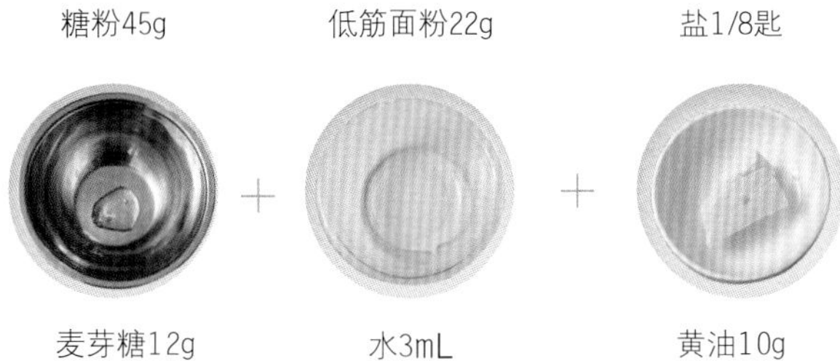

麦芽糖12g　水3mL　黄油10g

做法

1 油皮制作：将油皮材料A（中筋面粉、糖粉）放入料理盆。

2 加入油皮材料B（猪油、水）。

3 揉成光滑面团。

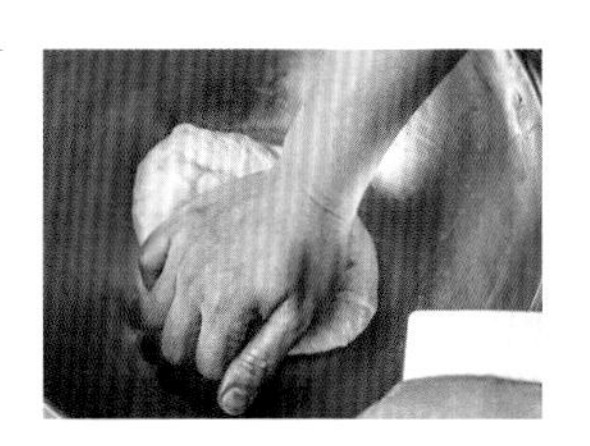

4 将揉好的油皮面团松弛20分钟。

5 油皮分割6等份，每个约30g。

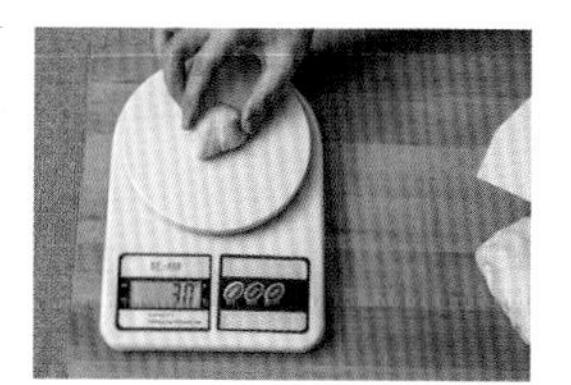

6 油酥制作：将油酥材料C（低筋面粉、猪油）倒入盆中。

7 用长柄刮刀压拌成团。

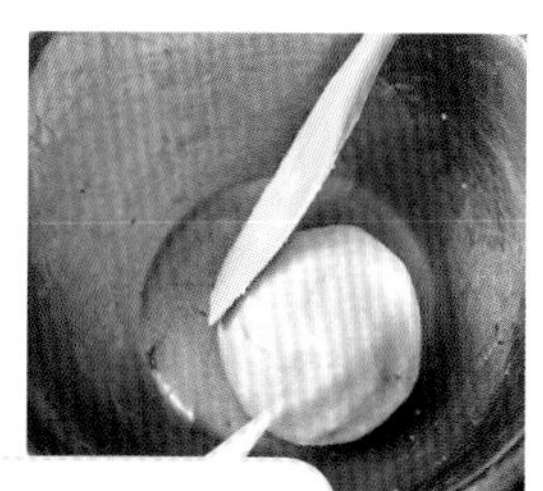

建议不要用手去拌压，因为手有热度，很容易将面粉和猪油拌得太湿黏，导致不好操作。若真的拌得太湿黏，可放冰箱冷藏，让油酥变硬再操作。

8 油酥分割6等份，每个约15g。

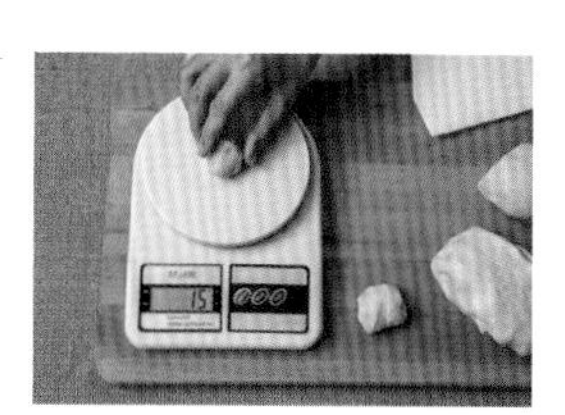

9 将内馅材料D（糖粉、低筋面粉、盐、麦芽糖、水、黄油）全部放入盆中。

10 拌揉成团。

11 将内馅分割6等份，每个约15g。

12 将分割好的油酥包入油皮。

13 用擀面棍擀卷两次，擀卷第一次，擀像牛舌一样的形状，长不要超过10cm。

14 第一次卷起。

15 擀卷第二次擀成长条状。

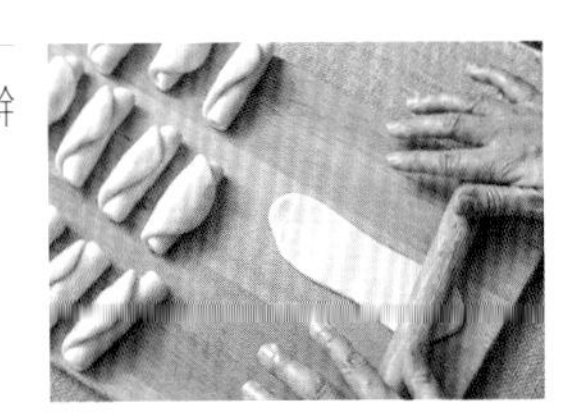

16 第二次卷起。

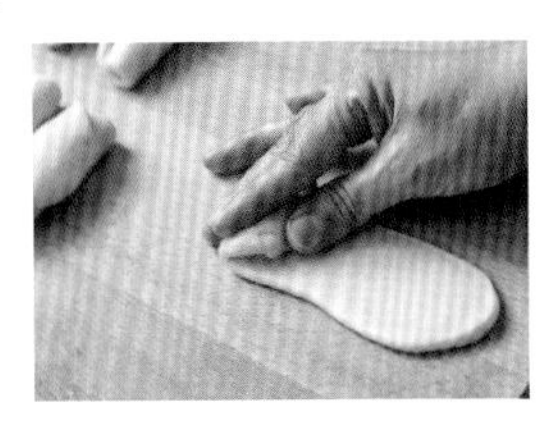

17 擀卷两次后，松弛15~20分钟。

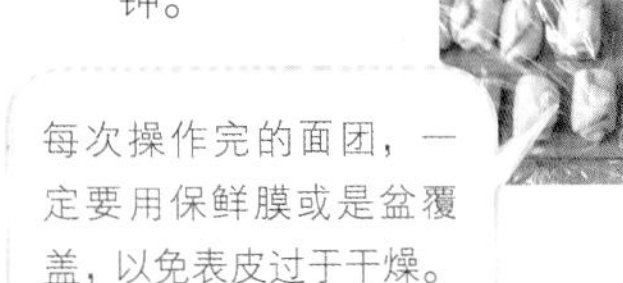

每次操作完的面团，一定要用保鲜膜或是盆覆盖，以免表皮过于干燥。

18 将松弛后的面团用手指在中间往下压。

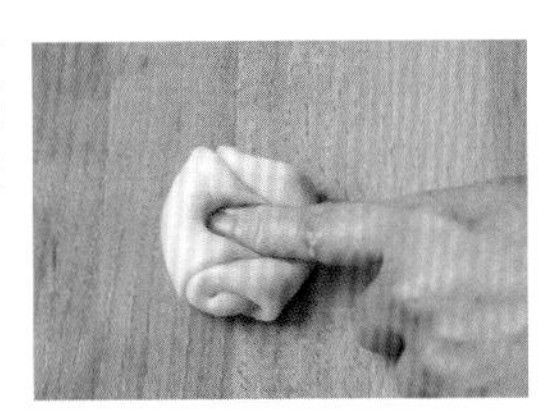

19 左右两边抓起。

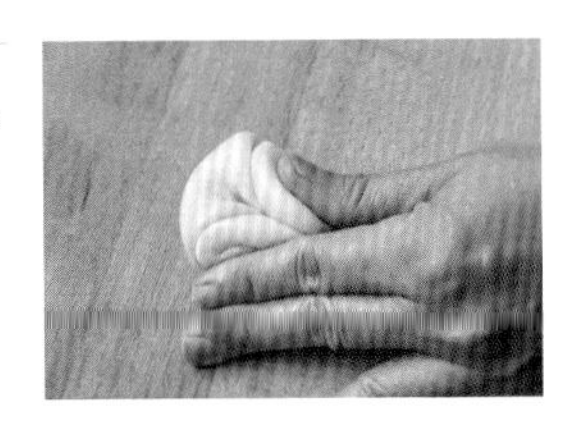

20 翻过来圆面朝上，擀成圆片状。

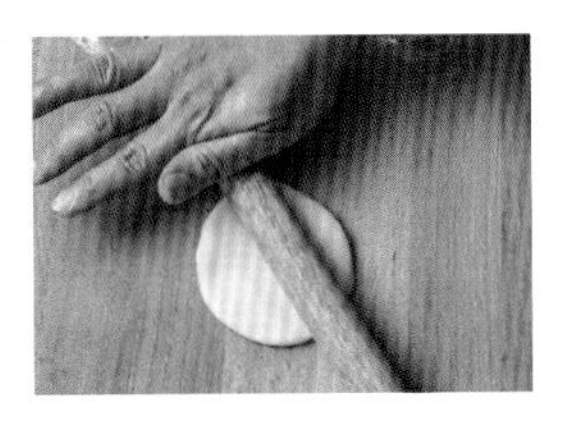

21 包入分割好的内馅。

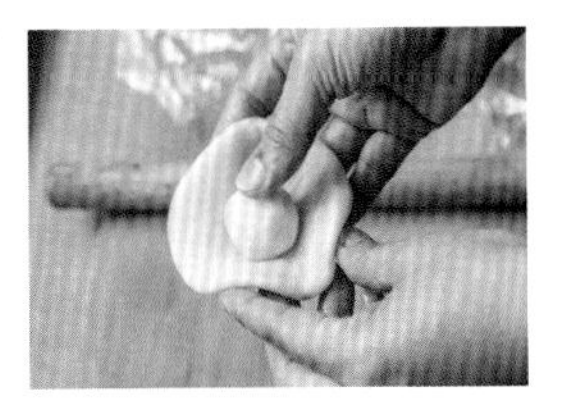

22 整形成圆形，用手稍压扁，松弛20~30分钟。

23 最后擀成直径约10cm的扁圆形后放入烤箱，烤箱温度上火170℃、下火170℃，烘烤20~25分钟。

软式牛舌饼

提示

最佳食用期，室温密封保存7天。
烤箱预热温度，上火180℃、下火200℃，烘烤时间25~30分钟。

材料

油皮

A

- 中筋面粉 120g
- 糖 10g
- 黄油 40g
- 水 45mL

油酥

B

- 低筋面粉 60g
- 黄油 30g

内馅

C

- 太白粉 1 茶匙
- 糖粉 50g
- 糕仔粉 1 茶匙
- 盐 1/8 匙
- 麦芽糖 30g
- 低筋面粉 50g
- 水 15mL
- 黄油 15g

成品分量：8 片

A

中筋面粉120g

糖10g

黄油40g

水45mL

B

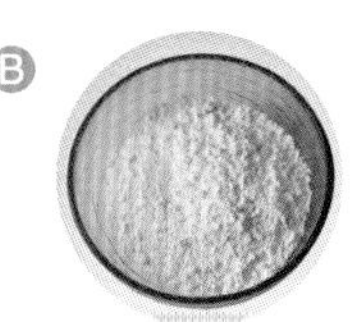

低筋面粉60g

黄油30g

C

太白粉1茶匙

糖粉50g

糕仔粉1茶匙

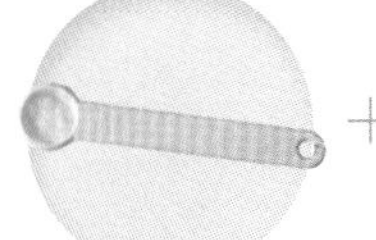

盐1/8匙

麦芽糖30g

低筋面粉50g

水15mL

黄油15g

做法

1 油皮制作：将油皮材料全部放入。

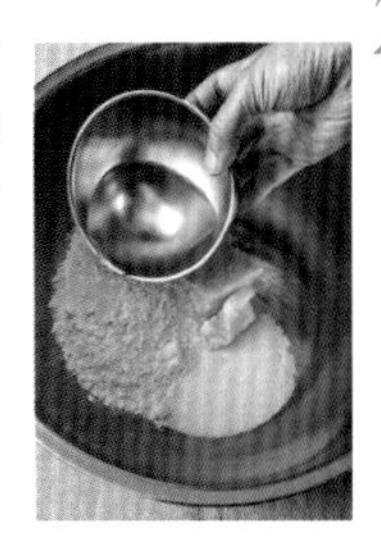

2 用手揉均匀。

3 揉成光滑的面团，松弛15~20分钟。

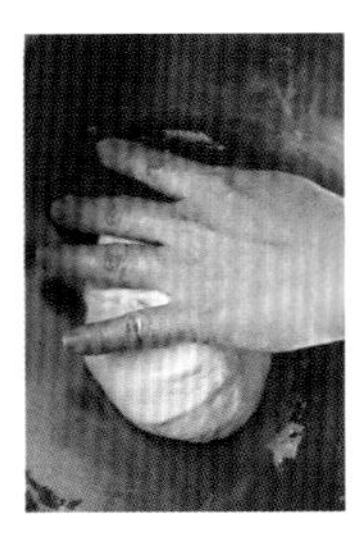

4 将油皮分割8个，每个约25g。

5 油酥制作：将油酥材料B中的低筋面粉过筛。

6 以拌压方式拌成团。

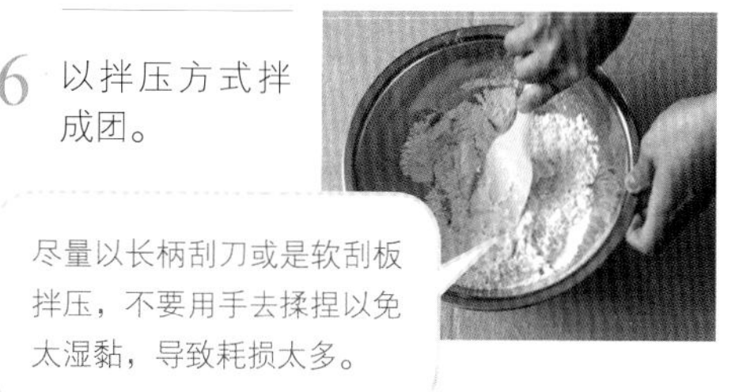

尽量以长柄刮刀或是软刮板拌压，不要用手去揉捏以免太湿黏，导致耗损太多。

7 油酥分割成8等份，每个约10g。

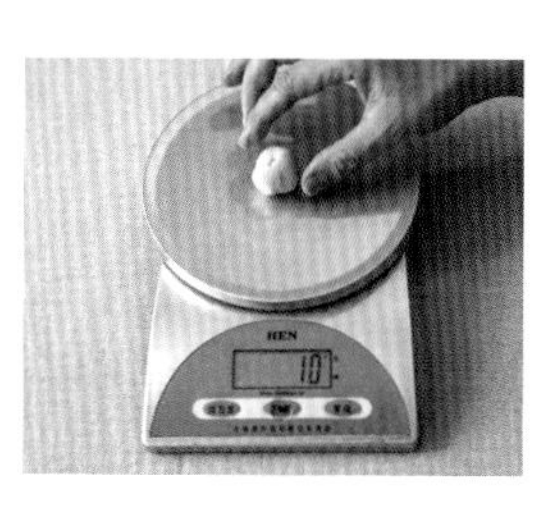

8 内馅制作：将内馅全部材料放入后拌成团。

9 分割8份，每个约20g。

10 油皮压扁。

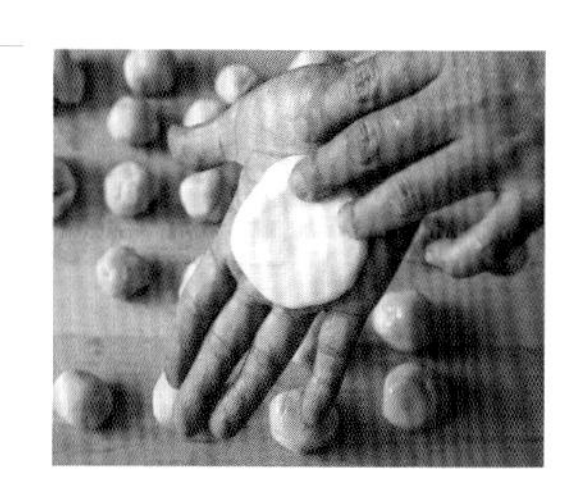

11 包入油酥。

12 接口处捏紧。

13 接口朝下。

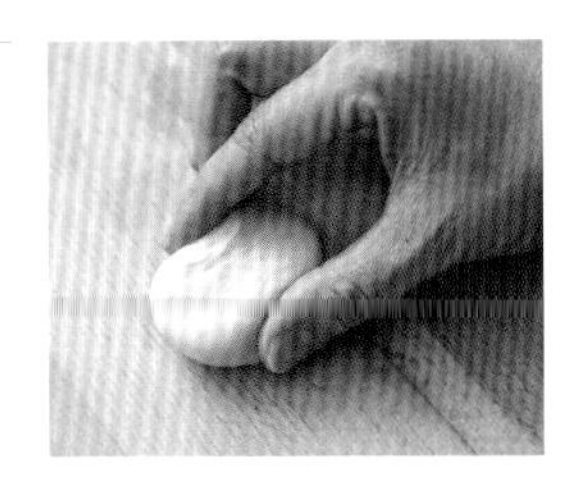

14 擀卷两次，第一次擀卷。

15 卷起。

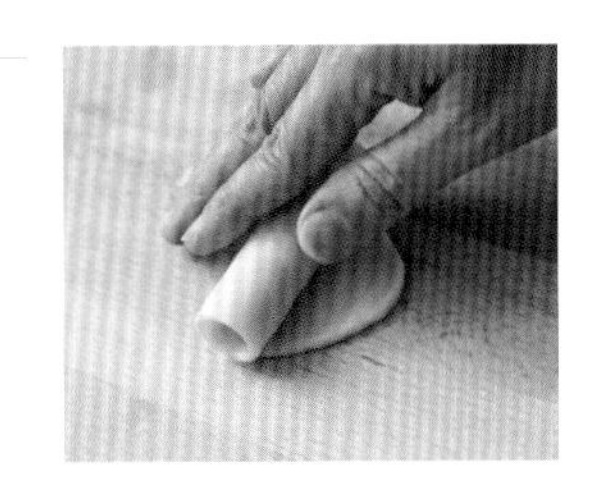

16 第二次擀卷，接口朝上压扁。

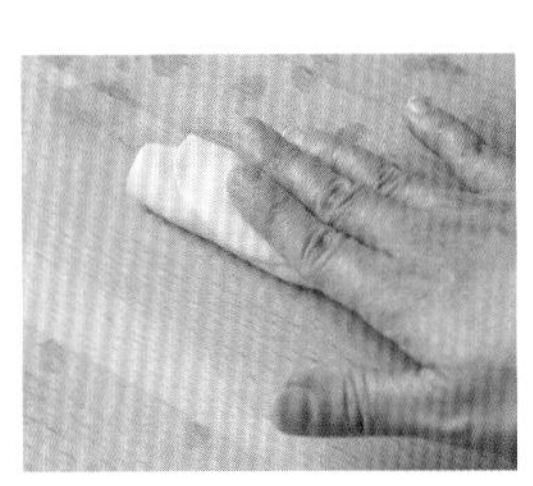

17 擀平。

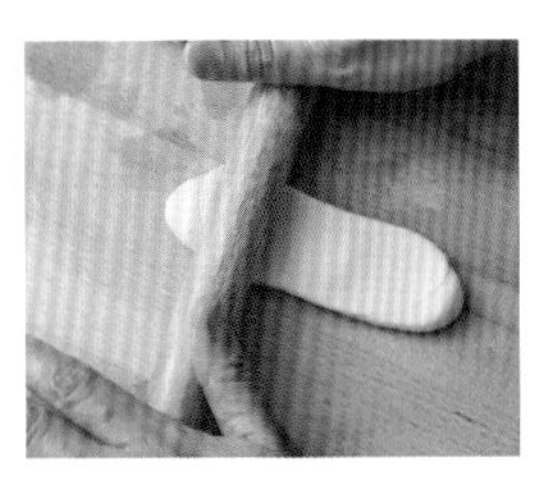

18 卷起。

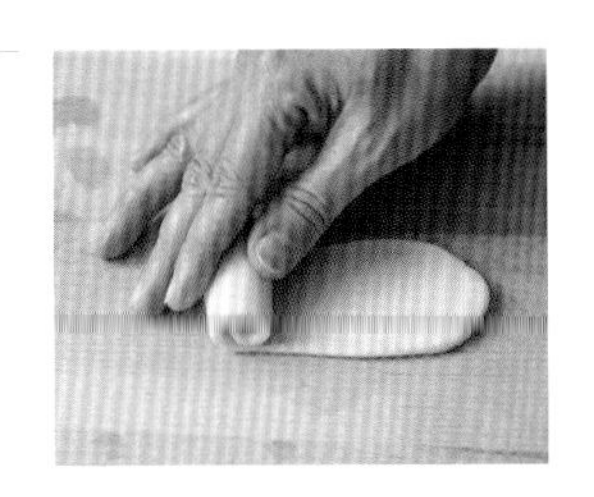

19 擀卷两次后松弛20分钟。

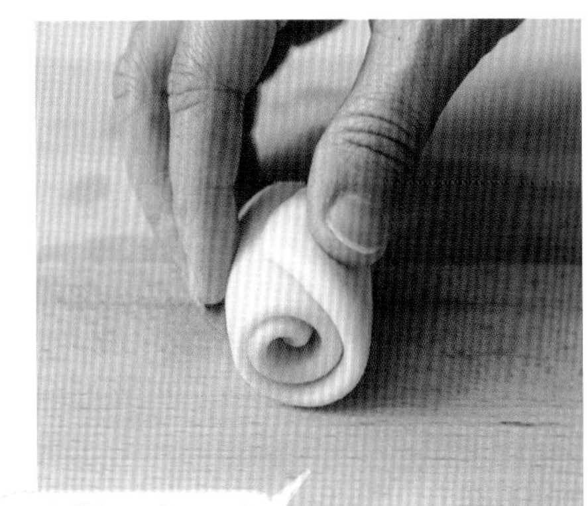

松弛期间一定要用保鲜膜盖住以免面皮干燥不好操作。

20 在接口中间用指头压下。

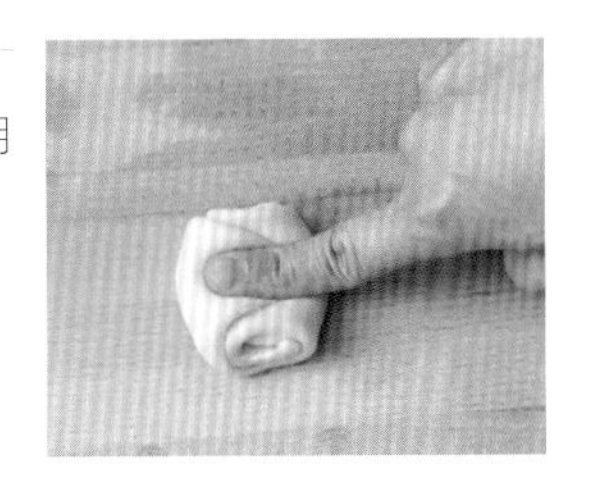

21 左右两边抓起。

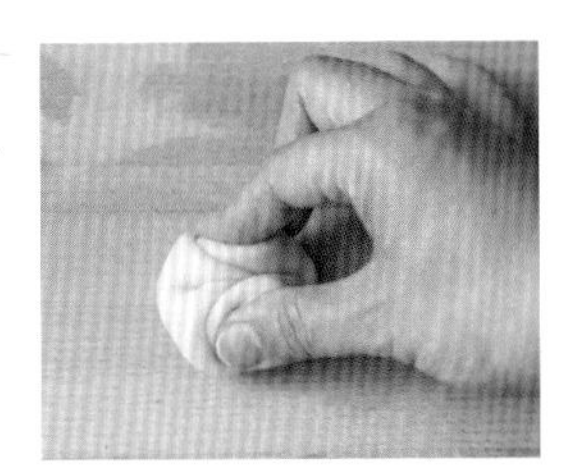

22 翻过来圆面朝上。

23 压扁擀成圆片状。

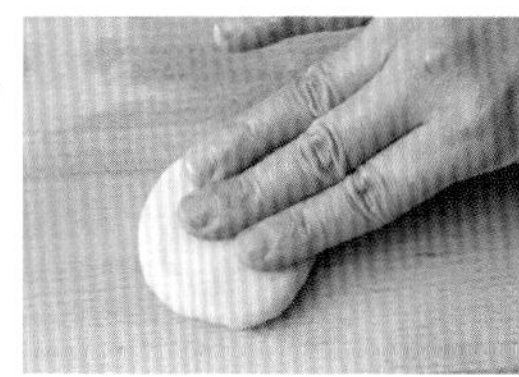

24 包入馅料。

25 包成圆形，松弛20~30分钟。

26 擀成牛舌状。

擀的时候如果会回缩或是擀不开，一定要再松弛一下，千万不要硬擀，很容易破。

27 正面朝下放入烤箱，10~15分钟后翻面，烤至金黄色即可。

正面若在下面，高温就在下火，若是朝上，高温就在上火。如果没有烤箱，也可以用不沾锅煎烤，效果也很棒。

48

中式餐点类

香椰酥饼

提示

最佳食用期，室温密封保存5天，冷藏10天。

烤箱预热温度，上火180℃、下火160℃，烘烤时间15~20分钟。

材料

油皮

A

- 中筋面粉 115g
- 糖 10g

B

- 猪油 45g
- 水 50mL

油酥

C

- 低筋面粉 75g
- 猪油 35g

内馅

D

- 糖粉 50g
- 盐 1/8 匙
- 黄油 30g
- 椰子粉 30g
- 全蛋 40g
- 低筋面粉 70g

成品分量：10 个

A

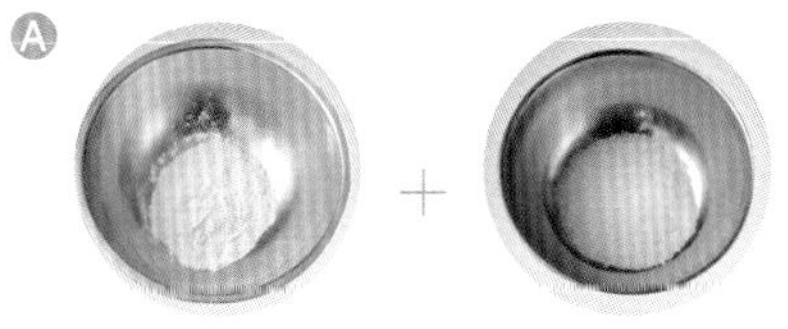

中筋面粉115g + 糖10g

B

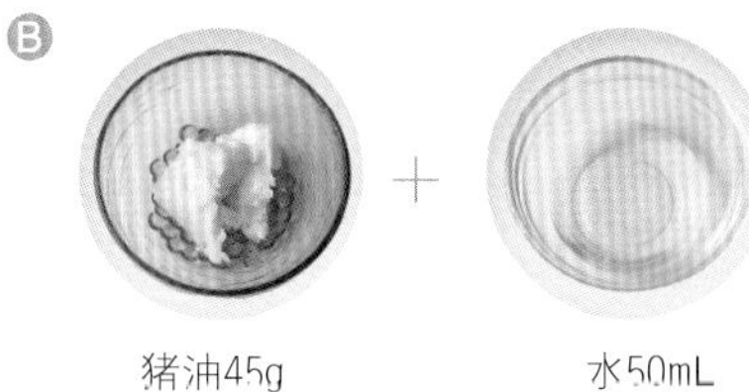

猪油45g + 水50mL

C

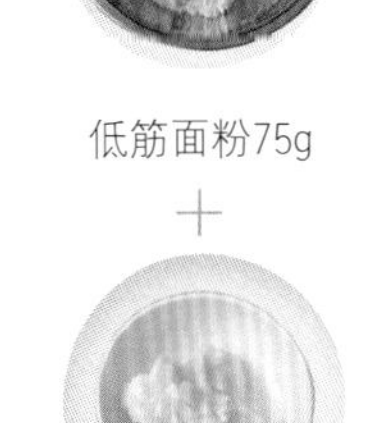

低筋面粉75g + 猪油35g

D

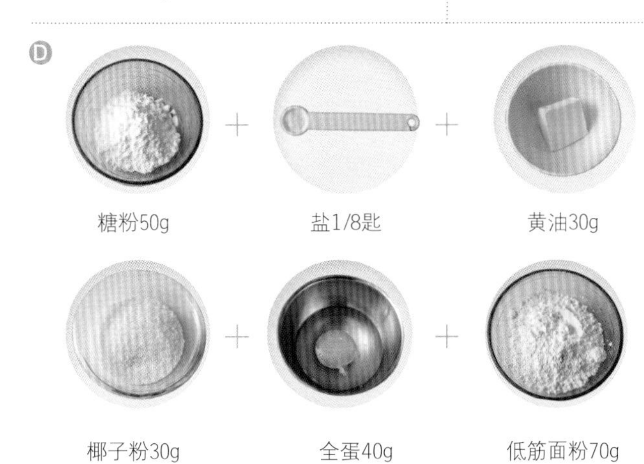

糖粉50g + 盐1/8匙 + 黄油30g

椰子粉30g + 全蛋40g + 低筋面粉70g

做法

1 油皮制作：将油皮材料A（中筋面粉、糖）放入料理盆中。

2 加入油皮材料B（猪油、水）。

3 揉成光滑面团。

4 将揉好的油皮面团放入料理盆中松弛20分钟。

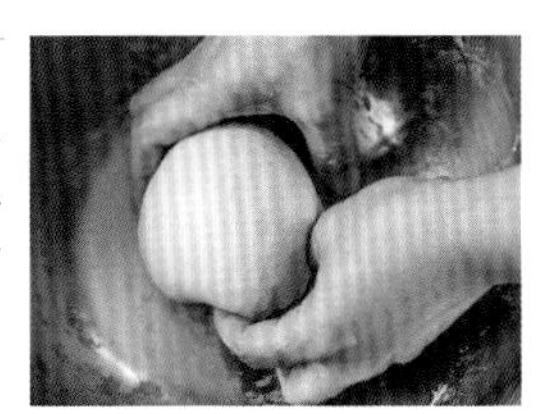

5 油皮分割10等份，每个约20g。

6 油酥制作：将油酥材料C（低筋面粉、猪油）倒入盆中。

7 用长柄刮刀压拌成团。

建议不要用手去拌压，因为手有热度，很容易将面粉和猪油拌得太湿黏，导致不好操作。

8 油酥分割成10等份，每个约10g。

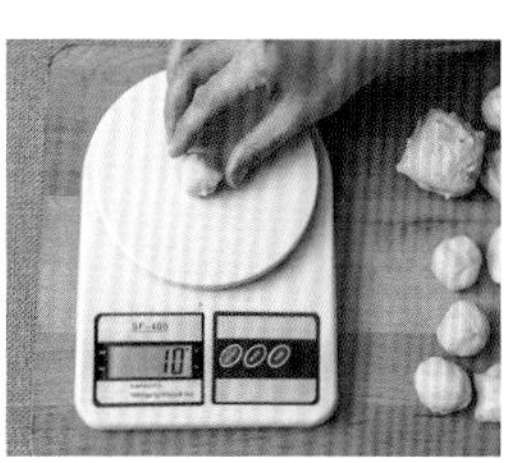

9 内馅制作：将内馅材料D（黄油、糖粉、全蛋、盐、椰子粉、低筋面粉）全部加入盆中。

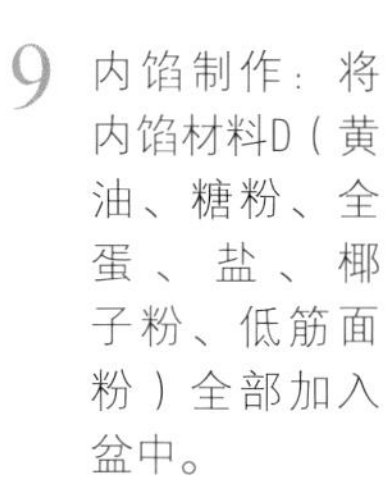

10 用长柄刮刀拌匀。

11 拌揉成团。

如果内馅成团后感觉湿黏，放入冰箱冷藏后再操作。

12 将内馅分割10等份，每个约20g。

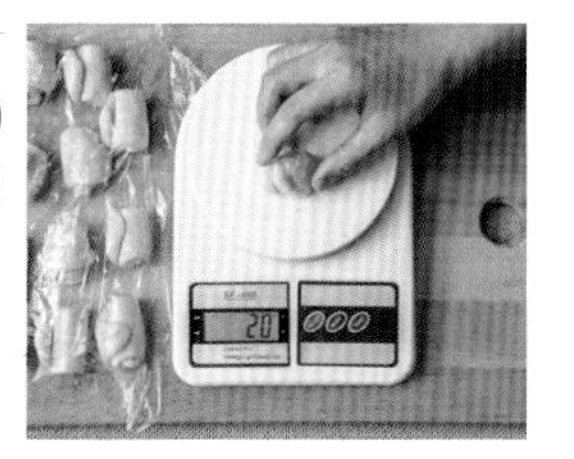

13 将分割好的油酥包入油皮。

14 用擀面棍擀卷两次，擀卷第一次，擀成像牛舌一样的形状，长7~8cm。

19 左右两边抓起。

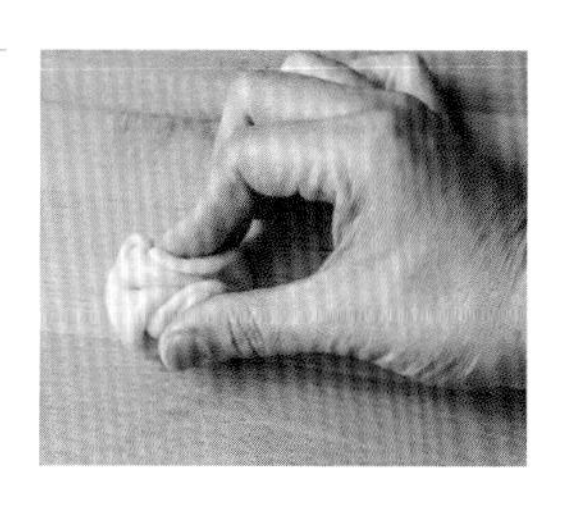

15 擀卷第一次卷起。

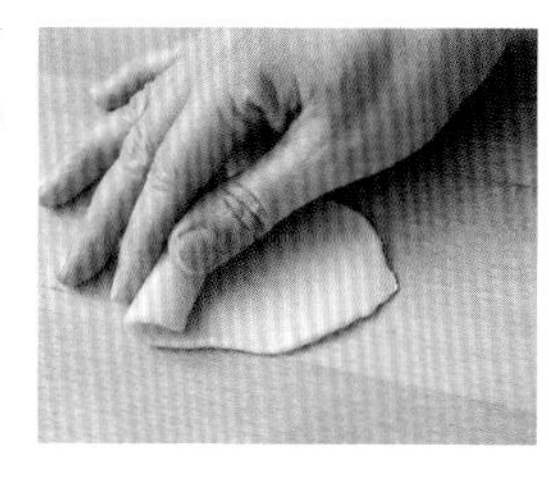

20 翻过来圆面朝上。

16 擀卷第二次，擀成长条状。

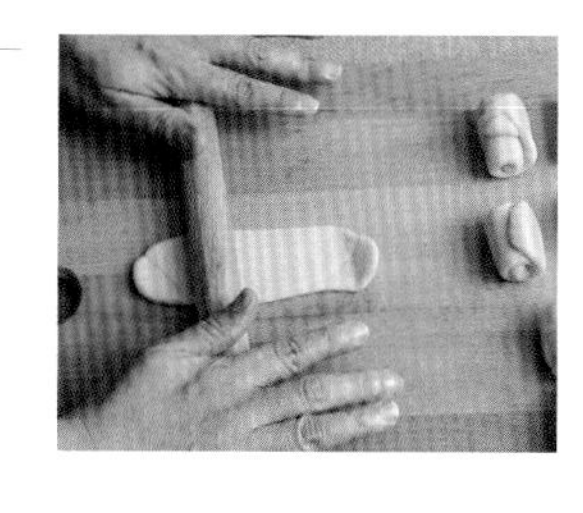

17 擀卷第二次卷起。擀卷两次后，松弛15~20分钟。

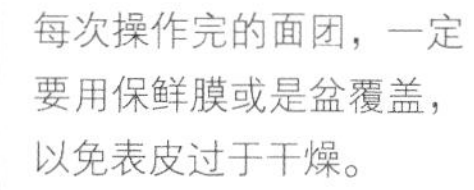

每次操作完的面团，一定要用保鲜膜或是盆覆盖，以免表皮过于干燥。

21 擀成圆片状。

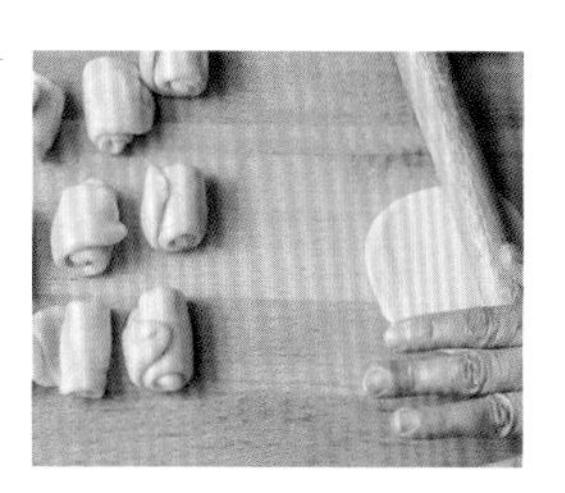

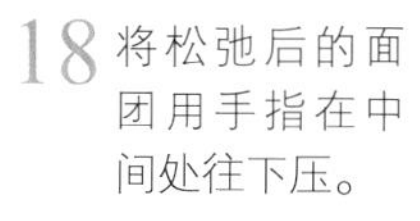

18 将松弛后的面团用手指在中间处往下压。

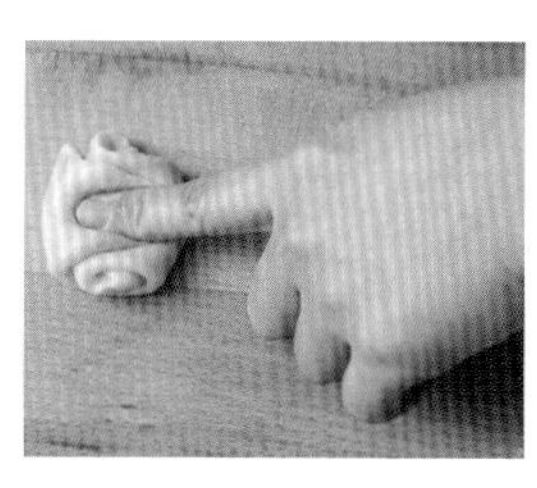

22 包入分割好的内馅，整成圆形，用手稍压扁松弛20~30分钟。

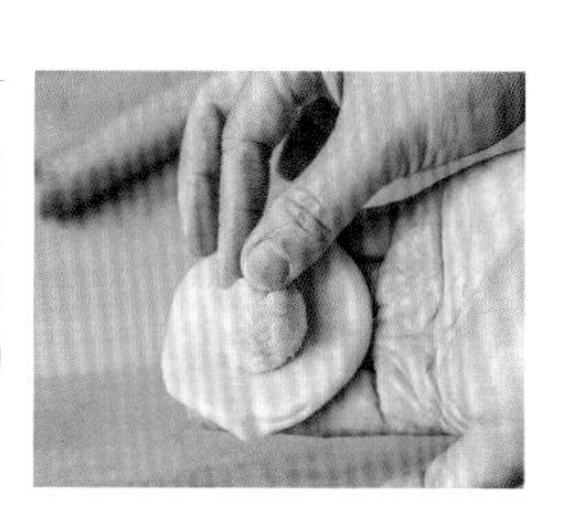

23 最后擀成长约10cm的牛舌形状。

25 压扁。

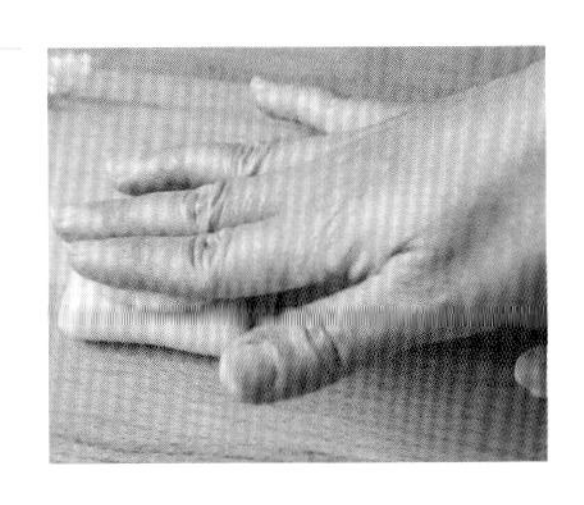

24 左右两边折起。

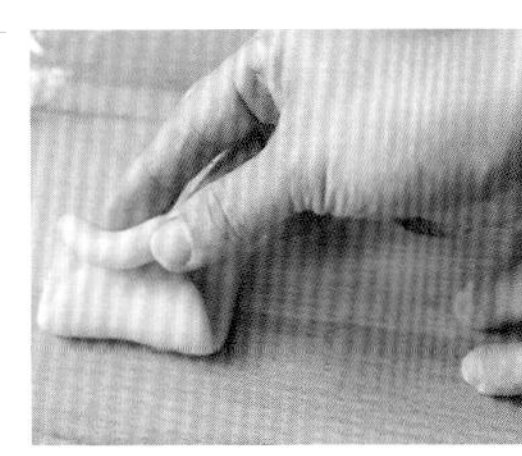

26 表面沾水。

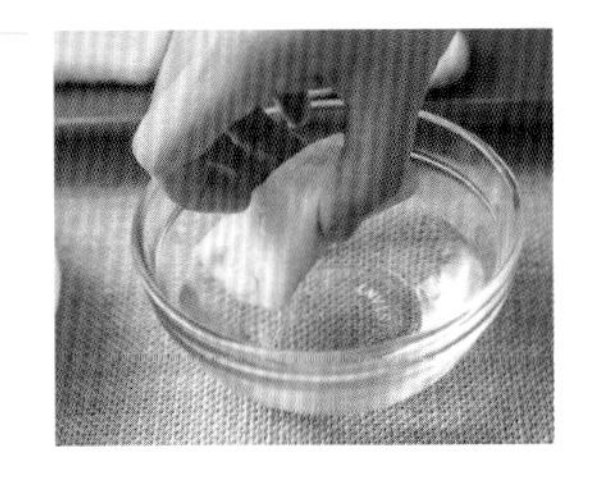

27 沾椰子粉后即可放入烤箱。烤箱温度上火180℃、下火160℃，烤至椰子粉成金黄色即可，烤15~20分钟。

萝卜丝菜包粿

提示

最佳食用期，室温密封保存2天，冷藏7天。

材料

外皮

A

糯米粉 100g
- 地瓜粉 15g
- 中筋面粉 15g
- 糖 15g

B
- 水 100mL

C
- 沙拉油 6g

内馅

D
- 沙拉油 20g

E
- 绞肉 40g
- 虾米 10g
- 萝卜丝 190g

F
- 香油适量、酱油适量
- 盐 1/4 匙
- 胡椒粉 1/4 匙
- 油葱酥 10g

成品分量：6 个

A

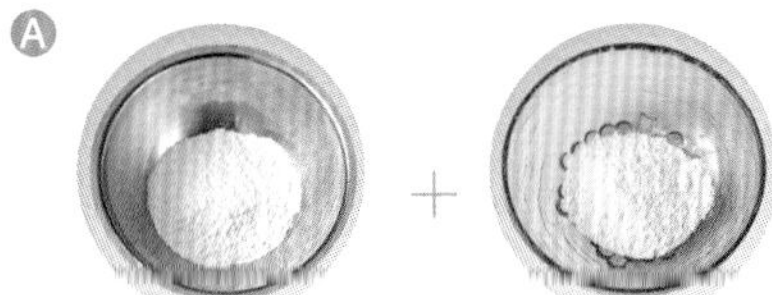

糯米粉100g + 地瓜粉15g

B

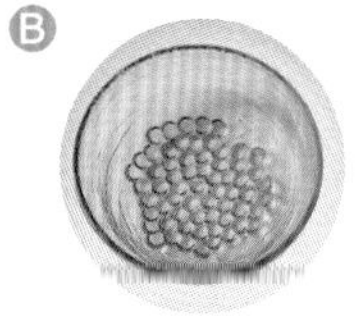

水100mL

中筋面粉15g

糖15g

C

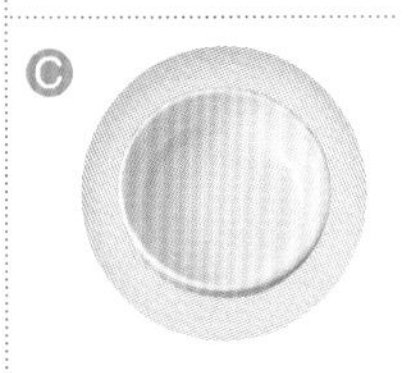

沙拉油 6g

E

绞肉40g

虾米10g

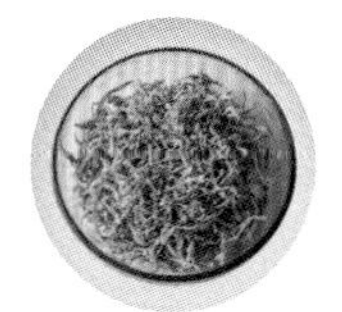

萝卜丝190g

F

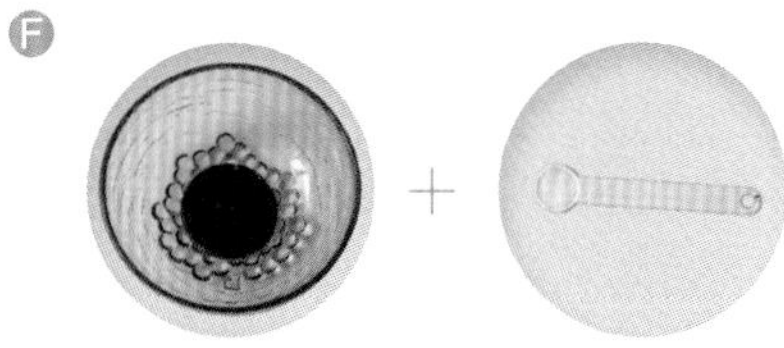

香油适量、酱油适量 + 盐1/4匙

D

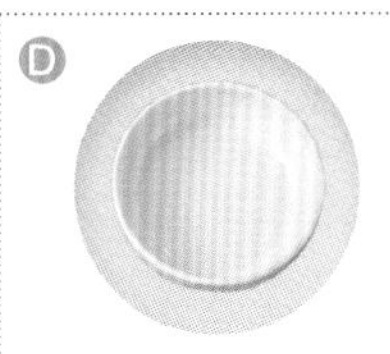

沙拉油20g

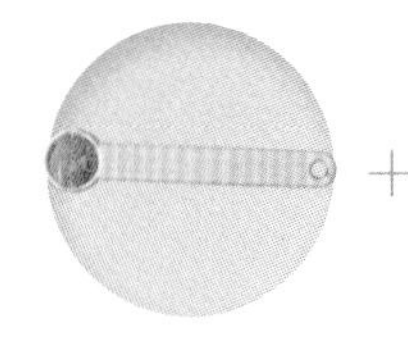

胡椒粉 1/4匙

油葱酥10g

做法

1 外皮制作：将材料A（糯米粉、中筋面粉、糖、地瓜粉）全部加入盆中。

2 加入材料B（水）。

3 加入材料C（沙拉油）。

4 拌揉成团，松弛10分钟。

5 将皮分割，每个40g。

6 馅料制作：将材料E（萝卜丝）泡水软化、洗净。

7 将材料D（沙拉油）倒入锅中，依次加入材料E（绞肉、虾米、萝卜丝）拌炒。

8 加入材料F（香油、酱油、盐、胡椒粉、油葱酥），调味炒熟即可。

依个人喜好调整咸度。

9 将炒好的馅料包入。

皮的部分很容易黏手，在操作时在手上抹点儿沙拉油，每包一个就要抹一次油。

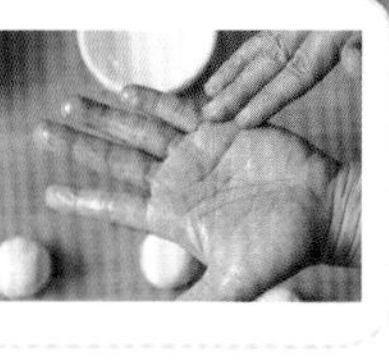

10 包紧整形后，底部垫馒头纸入蒸笼，中小火蒸熟，20~25分钟即可。

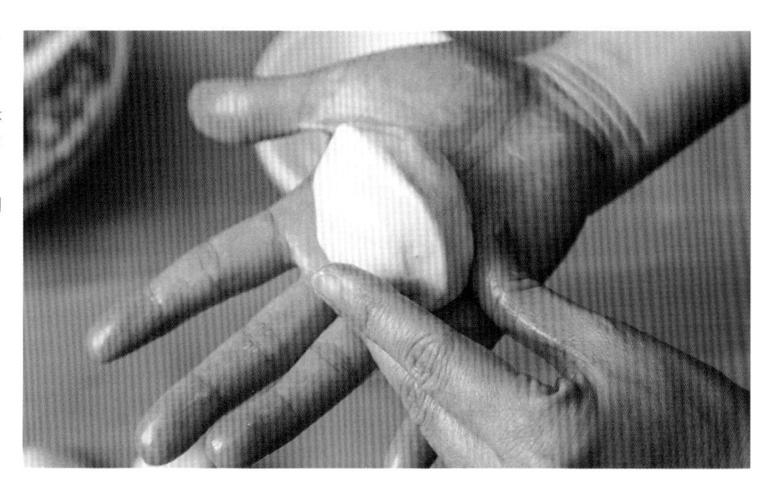

50

中式餐点类

地瓜奶香酥饼

提示

最佳食用期，室温2天，冷藏7天。

烤箱预热温度，上火180℃、下火160℃，烘烤20~25分钟。

材料

饼皮

A

- 黄油 90g
- 糖粉 45g

B

- 蛋液 10g

C

- 中筋面粉 135g
- 奶粉 10g

馅料

D

- 地瓜泥 200g
- 黄油 15g

E

- 奶粉 20g

表面装饰

F

- 蛋液适量

G

- 黑芝麻适量

成品分量：10~12 个

A

黄油90g

糖粉45g

B

蛋液10g

C

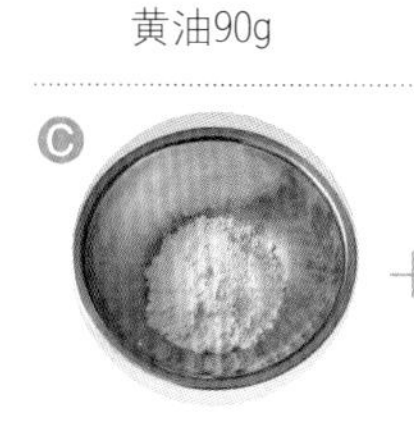

中筋面粉135g

奶粉10g

E

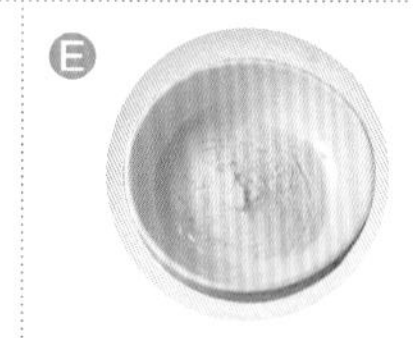

奶粉20g

D

地瓜泥200g

黄油15g

F

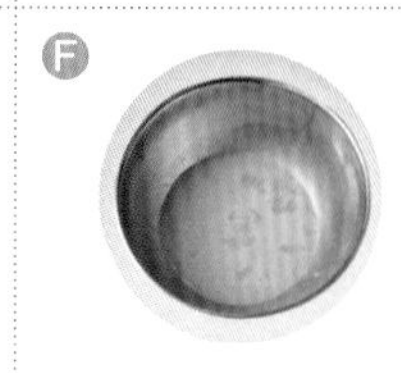

蛋液适量

G

黑芝麻适量

做法

1 饼皮制作：将材料A（黄油、糖粉）倒入盆中。

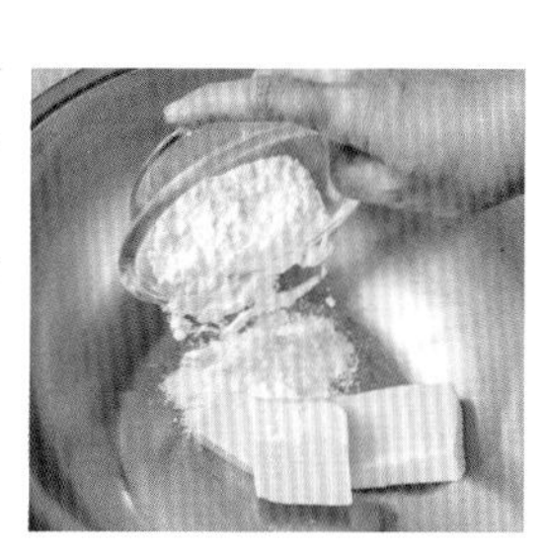

2 用打蛋器打至松发呈乳霜状。

3 加入材料B（蛋液）搅打均匀。

4 加入材料C（中筋面粉、奶粉）。

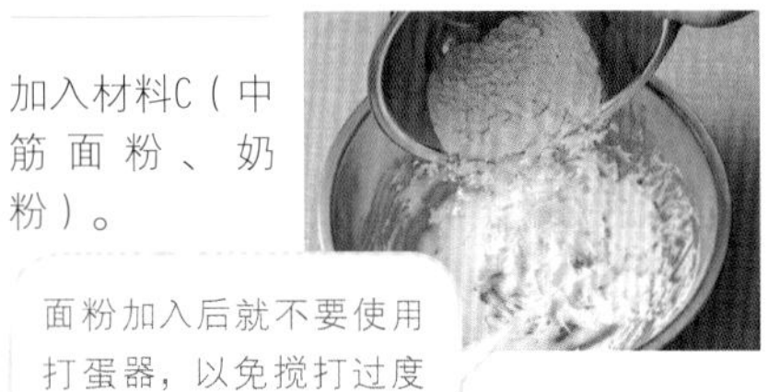

面粉加入后就不要使用打蛋器，以免搅打过度打出筋性，影响口感。

5 用长柄刮刀拌压成团，松弛10~20分钟。

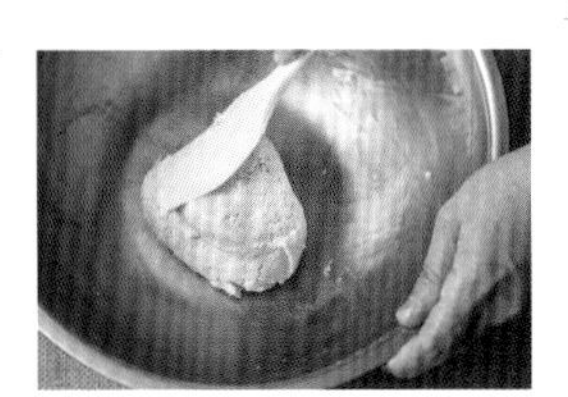

6 分割面团，每颗25g。

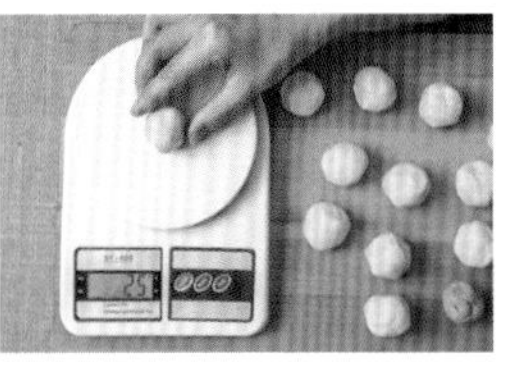

7 馅料制作：将内馅材料D（地瓜泥、黄油）拌匀。

8 加入材料E（奶粉）拌匀即可。

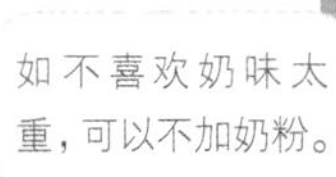

如不喜欢奶味太重，可以不加奶粉。

9 分割馅料，每个重15g。

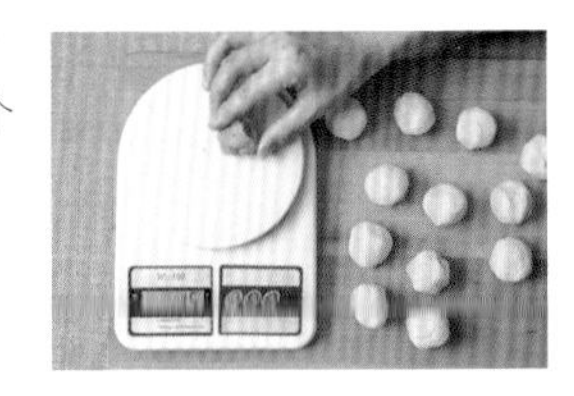

10 组合成型：将分割好的馅料包入面团。

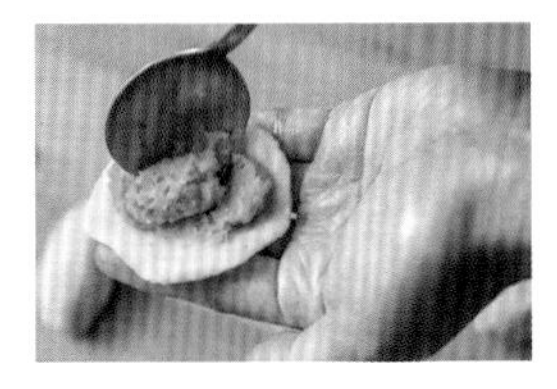

11 整成椭圆状。

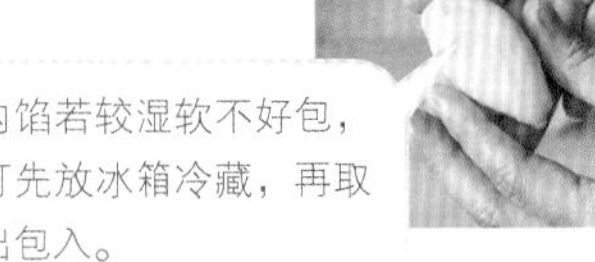

内馅若较湿软不好包，可先放冰箱冷藏，再取出包入。

12 抹上蛋液。

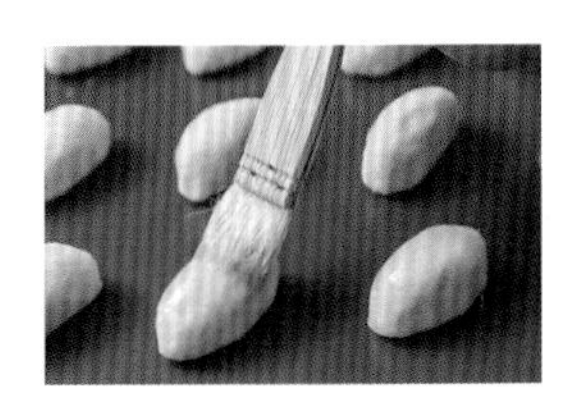

13 表面上撒芝麻装饰，放入烤箱，烤箱温度上火180℃、下火160℃，烘烤20~25分钟，表面呈金黄色即可。